最安心的營養配方 ✕ 最好做的健康鮮食

獸醫師的
長壽狗狗 餐桌

簡單、美味、常備菜也OK!

不會太複雜，輕鬆又充滿愛！
讓我們開始準備手工自製餐點吧。

雖然市面上有許多手工自製鮮食的相關書籍，但應該有不少人都會遇到「到底該參考哪一本？」「照片看起來非常漂亮，做起來卻很麻煩！」「可以加入碳水化合物嗎？」等等的問題。

的確，對於狗狗來說，食物無論擺盤擺得再怎麼漂亮，其實也一點意義都沒有。就算看起來普普通通，只要吃下去能讓毛孩的體質變好，那才是最重要的！如果寵物罹患了癌症，碳水化合物中的醣質的確會變成癌細胞的營養來源，讓癌症快速惡化，所以此時就必須減少醣質的攝取量，但若是健康的寵物，平日即使攝取一些醣質，也不會有任何問題。

本書十分建議大家一次多做一點手工自製鮮食，然後將這些自製餐點分成數小份，放進夾鏈袋密封好，或是直接將每一餐的分量放進多個塑膠保鮮容器作為保存。如果擔心手工自製餐點的營養不夠均衡，也可以混入一些乾燥飼料，做成半手工自製餐點。

只有持之以恆，手工自製鮮食才有意義。如果一開始太過執著細節，之後有可能會因為覺得太麻煩而放棄製作手工鮮食，所以請大家在做得到的範圍盡力就好。不要想得太複雜，帶著疼愛寵物的心情，開心地為牠們準備食物才重要。

讓我們先從一些經典的手工自製鮮食開始製作吧！

作者　林美彩
監修　古山範子

CONTENTS

PART 1　不同季節的食譜與狗狗餐點的基本原則

PART 2　狗狗的餐點・健康 Q&A

PART 3　為了愛犬自製餐點的體驗

PART 4　各種紀念日的「最佳」食譜

本書介紹的商品原則上都是 2019 年 12 月 1 日的未稅價。含稅價為未稅價加上消費稅率 8% 或是 10% 的價格。未稅價與門市資訊有可能因為各種緣故而變更，照片的顏色與素材的質感都有可能與實際商品有所出入，還請各位諒解。

作者：林美彩 × 監修：古山範子

SPECIAL TALK!

讓寵物健康長壽的祕訣

1 隨時了解寵物的健康狀態

2 不要錯過愛犬的變化

3 相信牠們原本的進食能力

本書是以東方醫學（藥膳）爲基本概念，對吧？！

古山　是的。能隨著季節與狗狗的身體狀況調整飲食內容，是自製
　　　藥膳的優點。

林　　藥膳會用到以「五性」（溫性或涼性）分類的各種食材。可
　　　以依照愛犬的身體狀況選擇適當的飲食，調製出營養均衡的
　　　餐點，所以能照顧到各種不同體質的寵物。

古山　寵物的分泌物、排泄物也會隨著食物而改變。如果選擇了不
　　　適當的食材，排泄物就會發出惡臭，所以選擇適當的食材非
　　　常重要。

根據春夏秋冬四季以及在季節交替之際調整菜單也很重要嗎？

古山　日本是四季分明的國家，所以選擇「當令食材」是基本概念，
　　　這道理同樣適用於人類。

林　　比方說，在天氣寒冷，身體發冷的時候吃「涼性」食材，只
　　　會讓身體降溫；反之，在夏天吃羊肉（熱性），則會讓身體
　　　變得燥熱，所以建議羊肉要在冬天食用。

古山　越是疼愛寵物的人，越有可能覺得某項食材很好，就一直餵
　　　牠們吃同種食材，但是適時更換食材是非常重要的事情。

林　　在替狗狗準備餐點時，可順便了解四季的變化，自己的飲食
　　　生活也會變得更豐盛。

古山　手工製作鮮食與「離乳食」很類似，也跟幫孫子準備手工料
　　　理相似。寵物也是家人，所以重點應在於不要想得太複雜，
　　　餵該餵的食物就好。

狗狗本來什麼都吃嗎？

古山　狗狗是偏雜食的肉食動物。牠的牙齒與消化器官並非適合消化碳水化合物的構造，而是比較適合消化蛋白質。

林　　近年來，寵物食品越來越多元，也有越來越多人餵狗狗吃碳水化合物，但是狗狗的祖先是肉食動物。雖然現在有許多狗狗因吃摻了穀物的食品，所以消化器官的構造有可能已經與祖先不太一樣，但還是比人類更需要蛋白質。

古山　因此蛋白質是手工自製鮮食的重點。基本上，就是先決定要用肉還是魚當主食，再補充些蔬菜就好。

林　　蔬菜也有所謂的五性，所以要仔細挑選蔬菜，相信蔬菜本身蘊含的力量。不過，狗狗不擅長消化蔬菜，所以要先將蔬菜切成碎末，讓牠們更好消化。

古山　前面提過，若覺得狗狗有點不對勁，就請立刻帶去給獸醫師檢查吧。狗狗的生長週期比人類快四～五倍，所以光是疏忽病情「一天」，就有可能危及牠們的性命。

林　　對啊，醫院這邊也遇過好幾次：「要是能早一天帶來看診就好了……」的情況。如果發現狗狗的便便跟平常不太一樣，或是發現狗狗一直變瘦、不喝水，請不要小看這些警訊，立即帶去給獸醫師檢查吧。

古山　話說回來，東方有所謂的「醫食同源」的概念，所以注重飲食是維持健康的第一步，很推薦大家替寵物準備手工鮮食哦。

製作養生手工鮮食的五大要點

1　了解狗狗是偏雜食的肉食動物，給予足夠的蛋白質。

2　避免食品添加物。

3　讓狗狗適當地運動，幫助牠們控制體重。

4　開心地替狗狗準備食物，不要覺得只是一項義務。

5　給予牠們滿滿的愛情。

林美彩

古山範子

餵食的三大原則

1　盡可能將不容易消化的蔬菜切細。

2　將食物維持在人體體溫的溫度，以便消化酵素能夠
　　正常發揮作用。

3　在飲水量減少的冬季，透過飲食替狗狗補充水分。

HOW TO USE THIS MANUAL

本書的使用方法

食材的分量以 5 公斤小型犬
的單日理想卡路里為基準

先決定肉或魚的分量（體積），
再補充蔬菜與碳水化合物。不
過，還是得依照狗狗的年齡、
運動量、消化能力、有沒有吃
零食的習慣……等狀況來調整
飲食內容，所以請先從建議分
量的 6 ～ 7 成量開始餵食，再
依照狗狗進食的情況及身體狀
態來決定要「增量」或「減量」。

肉與蔬菜可當天替換！

如果一次製作了一天份（兩餐）的餐點，可將其中一
份冷凍起來（餐點可保鮮一週左右），晚上則改餵其
他食譜的餐點。食材請參考 P.116 之後的內容。

春天的餐點

春天是「肝」變弱的季節

一如植物會在春天不斷成長，動物的所需熱量的代謝率也會在春天
裡不斷增加，所以上半身很容易變得燥熱，臉部也很容易出現一些
毛病。讓我們多餵一些能調整「肝」功能的食材，幫助狗狗快速將
毒素排出體外吧。此外，不管是在哪個季節，都可以在狗狗吃完東
西之後，幫牠們按摩（P.58 ～ 59），幫助狗狗的體內能量循環。

3 ～ 5月
Mar-May

Recipe 一天份（2 餐） 5kg 適用 總計 **389** 大卡

綠蘆筍 30 公克
（7 大卡）

彩椒 30 公克
（9 大卡）

豬腿肉 160 公克
（217 大卡）

白飯 50 公克
（84 大卡）

南瓜 50 公克
（55 大卡）

大頭菜 70 公克
（14 大卡）

香菇 1 朵
（3 大卡）

20

咕嚕咕

為了方便狗狗消化，要把蔬菜切得小一點

狗狗不太能夠消化蔬菜，所以請盡可能把蔬菜切得小一點。如果手邊有食物調理機，請務必利用它把蔬菜切碎。如果發現狗狗「把菇類直接排出」，代表菇類切得太大塊了，所以請再切得細碎一點，方便狗狗消化。或者也可以使用果汁機直接將食物打成糊狀的食物！

Point

A 大頭菜、南瓜、綠蘆筍、香菇先以中火煮到湯面冒泡泡為止。
B 依序倒入剩下的蔬菜→白飯→豬腿肉，煮熟即可。

好吃好吃

烹調方式非常多元！

書裡的烹調方式僅是一種參考。你可以自由添加豆漿、山羊奶、蜆仔湯、昆布水，也可以倒入蛋汁，做成炒蛋的感覺。還可以加入吉利丁，煮成凝固的質感，或是利用太白粉、葛粉勾芡，也是不錯的選擇。此外，也可以利用碎納豆或是蘿蔔泥當成配料（P.40～）。

這些是狗狗
需要的營養素～

狗狗需要的五大營養素

該如何保持營養平衡？

1

蛋白質（胺基酸）

毛髮、皮膚、指甲、肌肉、肌腱、韌帶、軟骨的原料是胺基酸，而胺基酸來源於蛋白質。荷爾蒙與免疫物質的原料也是蛋白質。

脂質

2

在三大營養素（蛋白質、脂質、碳水化合物）之中，每公克的脂質能產生最多的熱量，也是主要的熱量來源。攝取脂肪有助於維持體溫，幫助脂溶性維生素（A、D、E、K）的吸收，並提供必須脂肪酸。

3

碳水化合物（醣質＋膳食纖維）

碳水化合物是能立刻轉換成熱量的營養素。若是攝取不足，就會因為熱量不夠而疲倦；但若過度攝取會有肥胖的問題，甚至可能引起各種疾病。寵物若是罹患癌症，就必須更注意碳水化合物的攝取量。

維生素

維生素分成水溶性與脂溶性兩種，水溶性維生素包含維生素B1（硫胺）、B2（核黃素）、B3（菸鹼酸）、B5（泛酸）、B6（吡哆醇）、B7（生物素）、B9（葉酸）、B12（鈷胺素）、膽鹼、維生素C。脂溶性維生素包含維生素A（視黃醇）、維生素D（膽鈣化醇）、維生素E（生育醇）、維生素K。要注意的是，過度攝取脂溶性維生素會導致脂溶性維生素於體內屯積、或是出現中毒現象與副作用。

5

礦物質

礦物質也有助於調整身體狀況。雖然需求量不高，卻是不可或缺的營養素。但要注意的是，如果過度攝取礦物質，反而會危及健康。

+ *Plus*  水分

水是平衡體液的重要成分。讓狗狗隨時能喝到乾淨的水是我們的責任。一般認為，狗狗每天需要的水量（ml／日）為體重（kg）×0.75 次方 ×132ml，但是必要的水分不等於飲水量。事實上，若是健康的狗狗，每天大概要喝體重（kg）×50～60ml 的水量，但如果狗狗一天喝了超過體重（kg）×100ml 的量，反而代表喝太多水，可能生病了。此外，飲食內容與季節也會導致飲水量有所增減，所以請正確掌握狗狗適當的喝水量。

第一次製作手工鮮食時，
到底該做多少？

了解餵食量

我們不太可能每天幫狗狗計算攝取的卡路里量，所以可以根據
愛犬的體重，來決定蛋白質（肉或魚）的攝取量。
至於碳水化合物則可以少一點。

蛋白質約 1：蔬菜 1 ～ 2：碳水化合物 0.5

（如果狗狗罹患了癌症，可減少碳水化合物的分量，

而減少的部分則可由蛋白質補充）

我的話，
七成剛剛好！

我可以吃多少呢？

我的話，
因為很好動，所以
能吃很多呢！

用餐量的比例（以 5 公斤的狗狗為標準）

1 kg	0.3
2 kg	0.5
3 kg	0.7
4 kg	0.8
5 kg	**1**
6 kg	1.1
7 kg	1.3
8 kg	1.4
9 kg	1.6
10 kg	1.7
15 kg	2.3
20 kg	2.8
30 kg	3.8
40 kg	4.7
50 kg	5.6

Advice

右邊的表格僅供參考，因為狗狗胃的大小、消化能力、運動量，都會導致牠進食量改變，所以請先餵建議量的 6 ～ 7 成，再依照狗狗的身體狀況、體重、血液檢查結果的變化等，調整餵食量。反之，如果是運動量較高的成犬，則可試著讓所有食物增至 1.2 倍。如果是同時餵食乾食與溼食的情況，則可試著補充到看起來一樣的分量。只要整體是均衡的就沒問題了。

餵狗狗吃當令的食材！
這就是「藥膳」的概念

食材有所謂的五性（例如熱性或寒性）。如果餵太多不合時節、不符身體狀況與體質的食材，反而會造成五臟的負擔。反之，當令的食材往往具有較高的營養價值，所以要多餵當令食材。飲食不僅是每天的事，更是 365 天、持續不間斷的事情。一如「醫食同源」這句話，藥物與食物都能維持健康。依照四季選擇適當的食材，同時稍微應用藥膳的概念準備餐點，就能與狗狗共享健康與幸福的歲月。

春天是「肝」的季節

要多吃能改善「氣」的流動、
促進血液循環的黃綠色蔬菜。

夏天是「心」的季節

要多吃讓身體排熱的食材。

秋天是「肺」的季節

要多吃能潤「肺」、讓肺部保
持溼潤的食材。

冬天是「腎」的季節

要多吃可補充精力，維持水分
平衡的食材！

土用是「脾（消化器官）」的季節

土用是季節交替之際的日子 *，
要盡可能準備不會造成消化器
官負擔的餐點！

*「土用」指的是立春、立夏、立秋、立冬前 18
天左右之日，正是季節交替之時。

先掌握這個原則！

Part 1

不同季節的食譜
與
狗狗餐點的基本原則

HOW TO MAKE BASIC

基本的烹調方式

1

將蔬菜與 250 ～ 300ml 的水倒入鍋中。

2

以中火燉煮。

保存方法是……

大概是能在一週內餵完的分量

冷凍保存

依照每餐的量分開來保存。放涼後，放進冷凍庫。

熬煮待膠質釋出成凍

以水調開 4 ～ 6 公克的寒天後，煮沸後再煮兩分鐘，等待餘熱散去後，再倒入容器，並注意讓食材平均分布。

＊寒天粉可以直接倒進料理中。

有些人可能會覺得「做鮮食好麻煩！」但其實比想像中的簡單！就跟人類常吃的鹹粥或是有很多湯料的味噌湯是一樣的做法。只要有一支鍋子，誰都能輕鬆地為狗狗準備餐點。

蔬菜煮熟後倒入白飯。再煮到能用手指輕鬆壓扁白飯即可。

最後倒入肉，煮熟後放涼即可！

放涼後，再放進冰箱冷藏。

記得
在 2 ～ 3 天
之內餵完喲

春天的餐點

春天是「肝」變弱的季節

一如植物會在春天不斷成長，動物的所需熱量與代謝率也會在春天裡不斷增加，所以上半身很容易變得燥熱，臉部也很容易出現一些毛病。讓我們多餵一些能調整「肝」功能的食材，幫助狗狗快速將毒素排出體外吧。此外，不管是在哪個季節，都可以在狗狗吃完東西之後，幫牠們按摩（P.58～59），幫助狗狗的體內能量循環。

Recipe 一天份（2餐） 5kg 適用 總計 **389** 大卡

綠蘆筍 **30** 公克
（**7** 大卡）

彩椒 **30** 公克
（**9** 大卡）

豬腿肉 **160** 公克
（**217** 大卡）

白飯 **50** 公克
（**84** 大卡）

南瓜 **50** 公克
（**55** 大卡）

大頭菜 **70** 公克
（**14** 大卡）

香菇 **1** 朵
（**3** 大卡）

咕嚕咕嚕

春天的替換食材帖

* 將肉換成魚，有可能使蛋白質與卡路里不足。若打算替換食材（增加分量或是食材種類也一樣），請根據狗狗的進食情況、大便的狀況以及體重的變化，適度增減食材的分量。

照顧肝臟

豬腿肉 ▶ 鱈魚 **160** 公克

鱈魚富含麩胱甘肽，
所以能幫助肝臟解毒。

照顧腎臟

豬腿肉 ▶ 牛菲力肉 **160** 公克

減少磷的含量，
可減少腎臟的負擔。

照顧心臟

豬腿肉 ▶ 鰹魚 **160** 公克

EPA、DHA 可讓血液變得清澈，
補充鐵質可預防貧血。

照顧皮膚

豬腿肉 ▶ 水煮鯖魚罐頭
160 公克（可食用的部位）

水煮鯖魚罐頭富含 EPA 與 DHA。

記得先過
一次熱水喲！

「血液之中的 ALT（GPT）太高，會讓人擔心牠的肝臟是不是出了問題。」「我家狗狗的心臟一直都不好。」「好像有皮膚過敏的問題。」等，狗狗需要透過飲食維持健康。讓我們根據預防醫學的概念，試著依照季節、體質與身體狀況，餵狗狗吃不同的東西吧。

* 胖胖的狗狗與瘦瘦的狗狗需要的食物量不同，所以很難提供參考標準。請大家自行根據狗狗的身體狀況與體重的增減來替換食材。

照顧腸胃

大頭菜（切丁）▶ 磨成泥

磨成泥可減輕消化的負擔。

適合胖狗狗的餐點

南瓜 ▶ 利用豆腐增加分量

可減少卡路里，又能吃得飽！

吃得少的狗狗

加入南瓜

增加碳水化合物，
藉此增加卡路里的攝取量。

Plus!

老狗狗的餐點

豬腿肉 ▶ 生鮮鮭魚 **160** 公克

EPA 與 DHA 可促進神經傳導速度，
有助於維持大腦的健康！

替代食材

23

夏天的餐點

夏天是「心」承受負擔的季節

夏天是悶熱的季節，所以身體很容易變得溼熱，也容易中暑或是脫水，而且狗狗跟人類一樣，一旦體內水分不足，血液就會變得濃稠，心臟也會承受多餘的負擔。就算要讓狗狗攝取較多的卡路里，也不能餵牠們吃太多碳水化合物，同時要讓牠們攝取足夠的水分，幫助牠們排除多餘的水分。

Recipe 一天份（2 餐）　🐕5kg 適用　總計 **404** 大卡

玉米筍 2 根
（6 大卡）

秋葵 30 公克
（9 大卡）

牛肩里肌肉 **160** 公克
（322 大卡）

冬瓜 **70** 公克
（11 大卡）

小番茄 **4** 顆
（12 大卡）

肚子好餓喔！

白飯 20 公克
（34 大卡）

綠花椰菜 **30** 公克
（10 大卡）

> **Point**
>
> A　冬瓜要最先下鍋燉煮。
> B　依序倒入小番茄以外的蔬菜
> 　　→白飯→牛肩里肌肉，煮熟
> 　　後，將小番茄切成方便狗狗
> 　　進食的大小，再倒入鍋中燉
> 　　煮。

夏天的替換食材帖

* 將肉換成魚，有可能造成蛋白質與卡路里不足。若打算替換食材（增加分量或是食材種類也一樣），請根據狗狗的進食情況、大便的狀況以及體重的變化，適度增減食材的分量。

照顧肝臟

白飯 ▶ 馬鈴薯 **40** 公克

富含膳食纖維與鉀，
能提升肝臟解毒功能。

照顧腎臟

小番茄 ▶ 胡蘿蔔 **30** 公克

利用不會讓身體過度降溫的食材，
來促進腎臟功能。

\好累喔…/

照顧心臟

牛肩里肌肉 ▶ 竹筴魚 **160** 公克

EPA、DHA 可讓血液變得清澈，
減輕心臟的負擔。
補充鐵質亦可預防貧血。

照顧皮膚

牛肩里肌肉 ▶ 鱈魚 **160** 公克

鱈魚的麩胱甘肽能預防細胞氧化，
促進老舊廢物排出體外！

「血液之中的 ALT（GPT）太高，會讓人擔心牠的肝臟是不是出了問題。」「我家狗狗的心臟一直都不好。」「好像有皮膚過敏的問題。」等，狗狗需要透過飲食維持健康。讓我們根據預防醫學的概念，試著依照季節、體質與身體狀況，餵狗狗吃不同的東西吧。

* 胖胖的狗狗與瘦瘦的狗狗需要的食物量不同，所以很難提供參考標準。請大家自行根據狗狗的身體狀況與體重的增減來替換食材。

照顧腸胃

玉米筍 ▶ 高麗菜 **25** 公克

富含維生素 U 的高麗菜
可促進老舊廢物排出體外！

適合胖狗狗的餐點

白飯減半，利用切碎的白
　蒟蒻絲代替減半的白飯

能夠填滿肚子，消除空腹感。

\Plus!

吃得少的狗狗

加入馬鈴薯

增加碳水化合物，
藉此增加卡路里的攝取量。

\Plus!

老狗狗的餐點

牛肩里肌肉 ▶ 雞腿肉 **160** 公克

雞腿肉很適合強化免疫系統。

秋天的餐點

秋天是對「肺」造成負擔的季節

秋天的空氣相當乾燥，所以很容易出現呼吸器官的問題，皮膚也容易發炎與發癢。就讓我們在秋天的時候，利用飲食補充於夏天流失的水分吧。蓮藕這類潤肺的食材既清淡，又可照顧胃腸，但通常屬寒性食材，所以一定要加熱後再餵。另外建議加入 1 ～ 2 顆枸杞。

Recipe 一天份（2 餐）　5kg 適用　總計 **404** 大卡

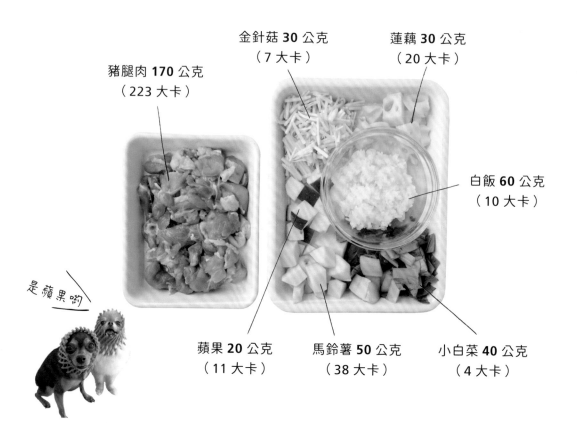

金針菇 30 公克
（7 大卡）

蓮藕 30 公克
（20 大卡）

豬腿肉 170 公克
（223 大卡）

白飯 60 公克
（10 大卡）

是蘋果唷

蘋果 20 公克
（11 大卡）

馬鈴薯 50 公克
（38 大卡）

小白菜 40 公克
（4 大卡）

Point

A 金針菇、蓮藕、馬鈴薯要先
　煮透。

B 依序加入小白菜→白飯→雞
　腿肉，煮熟後再加入蘋果，
　然後煮滾關火。

秋天的替換食材帖

* 將肉換成魚，有可能使蛋白質與卡路里不足。若打算替換食材（增加分量或是食材種類也一樣），請根據狗狗的進食情況、大便的狀況以及體重的變化，適度增減食材的分量。

照顧肝臟

白飯 ▶ 燕麥 **25** 公克

是增加膳食纖維的好食材。

\偷看/

照顧腎臟

蘋果 ▶ 綠花椰菜 **30** 公克

能補腎的綠花椰菜可替腎補充能量。

照顧心臟

雞腿肉 ▶ 生鮮鮭魚 **170** 公克

EPA、DHA 可讓血液變得清澈。

照顧皮膚

雞腿肉 ▶ 秋刀魚 **170** 公克

利用 EPA、DHA 來抑制發炎。

狀況不好嗎？

「血液之中的 ALT（GPT）太高，會讓人擔心牠的肝臟是不是出了問題。」「我家狗狗的心臟一直都不好。」「好像有皮膚過敏的問題。」等，狗狗需要透過飲食維持健康。讓我們根據預防醫學的概念，試著依照季節、體質與身體狀況，餵狗狗吃不同的東西吧。

* 胖胖的狗狗與瘦瘦的狗狗需要的食物量不同，所以很難提供參考標準。請大家自行根據狗狗的身體狀況與體重的增減來替換食材。

照顧腸胃

馬鈴薯 ▶ 山藥 **50** 公克
黏液素的黏稠效果能保護腸胃。

適合胖狗狗的餐點

減少雞腿肉，加入雞胗
可減少卡路里，
又能維持蛋白質的攝取量！

吃得少的狗狗

加入地瓜

增加碳水化合物，
藉此增加卡路里的攝取量。

老狗狗的餐點

加入 1/4 包的納豆

能增加腸道的好菌。

冬天的餐點

冬天是對「腎」造成負擔的季節。

中醫認為，「腎」是掌管生命能量的部位，「腎」虛就會發生痴呆、失智這類老化現象，或是膀胱炎、腰痛這類下半身的毛病。天氣寒冷時，生理循環會變慢，所以要盡可能讓下半身保持溫暖，也要盡可能攝取讓身體暖和起來的食材。

Recipe 一天份（2 餐）🐕5kg 適用 總計 **377** 大卡

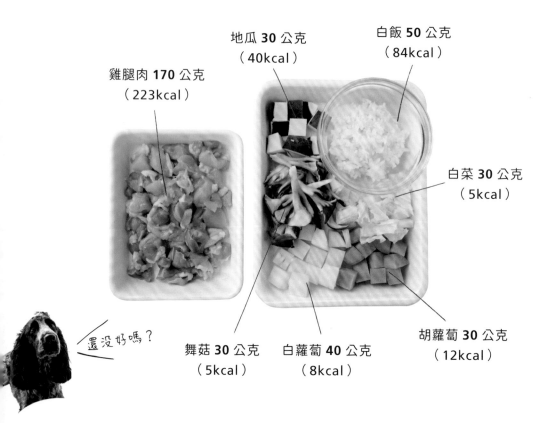

地瓜 **30** 公克
（40kcal）

白飯 **50** 公克
（84kcal）

雞腿肉 **170** 公克
（223kcal）

白菜 **30** 公克
（5kcal）

還沒好嗎？

舞菇 **30** 公克
（5kcal）

白蘿蔔 **40** 公克
（8kcal）

胡蘿蔔 **30** 公克
（12kcal）

Point

A 地瓜富含水溶性的草酸，可以先用熱水燙過，再與其他的蔬菜搭配。

B 依序放入其他的蔬菜→白飯→雞腿肉燉煮即可。

冬天的替換食材帖

* 將肉換成魚，有可能蛋白質與卡路里會不足。若打算替換食材（增加分量或是食材種類也一樣），請根據狗狗的進食情況、大便的狀況以及體重的變化，適度增減食材的分量。

照顧肝臟

雞腿肉 ▶ 鮪魚 **170** 公克

換成能促進肝臟功能，
富含牛磺酸的鮪魚。

照顧腎臟

雞腿肉 ▶ 牛菲力肉 **170** 公克

減少磷的含量，減輕腎臟的負擔。

照顧心臟

白菜 ▶ 綠花椰菜 **20** 公克

綠花椰菜富含促進心臟功能的
維生素 Q。

照顧皮膚

雞腿肉 ▶ 牛肉 **170** 公克

富含鋅的牛肉
能讓免疫細胞變得活躍。

我愛吃肉

「血液之中的 ALT（GPT）太高，會讓人擔心牠的肝臟是不是出了問題。」「我家狗狗的心臟一直都不好。」「好像有皮膚過敏的問題。」等，狗狗需要透過飲食維持健康。讓我們根據預防醫學的概念，試著依照季節、體質與身體狀況，餵狗狗吃不同的東西吧。

* 胖胖的狗狗與瘦瘦的狗狗需要的食物量不同，所以很難提供參考標準。請大家自行根據狗狗的身體狀況與體重的增減來替換食材。

照顧腸胃

加入 1/4 盒納豆

增加腸道好菌。

超愛吃納豆♡

適合胖狗狗的餐點

白飯 ▶ 糙米飯 **50** 公克

增加膳食纖維。
要煮得軟爛一點唷！

吃得少的狗狗

加入優格（無糖）

利用乳酸菌調整腸道環境，
讓腸道保持健康！

Plus !

老狗狗的餐點

加入一瓣紫蘇葉

紫蘇葉能有效消除活性氧。

Plus !

土用的餐點

土用是容易造成「脾（消化器官）」負擔的季節

立春、立夏、立秋、立冬之前的 18 天稱為土用。有許多狗狗會在這個時期嘔吐或拉肚子，消化器官也容易承受多餘的負擔。春天轉成夏天的梅雨時節是體內容易潮溼、皮膚病容易惡化的時候。多餵容易消化、照顧腸胃、促進排水的食材，為了下個季節儲存能量吧。

Recipe　一天份（2 餐）　5kg 適用　總計 **391** 大卡

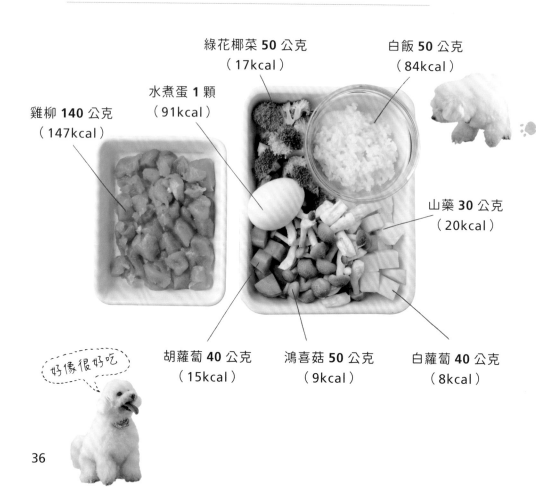

綠花椰菜 50 公克
（17kcal）

白飯 50 公克
（84kcal）

水煮蛋 1 顆
（91kcal）

雞柳 140 公克
（147kcal）

山藥 30 公克
（20kcal）

胡蘿蔔 40 公克
（15kcal）

鴻喜菇 50 公克
（9kcal）

白蘿蔔 40 公克
（8kcal）

好像很好吃

Point

A 胡蘿蔔、白蘿蔔、鴻喜菇要
　先煮熟。

B 依序加入剩下的蔬菜→白飯
　→雞柳，煮熟後，煮一顆水
　煮蛋當成配料。

土用的替換食材帖

* 將肉換成魚，有可能使蛋白質與卡路里不足。若打算替換食材（增加分量或是食材種類也一樣），請根據狗狗的進食情況、大便的狀況以及體重的變化，適度增減食材的分量。

照顧肝臟

鴻喜菇 ▶ 香菇 **50** 公克

促進能量循環，促進肝臟功能。

照顧腎臟

雞柳 ▶ 鰤魚 **140** 公克

富含 EPA、DHA 的鰤魚
是具代表性的低磷食材。

照顧心臟

雞柳 ▶ 生鮮鮭魚 **140** 公克

EPA、DHA 可讓血液變得清澈。
補充鐵質亦可預防貧血。
蝦紅素也能維持血管的健康。

照顧皮膚

雞柳 ▶ 沙丁魚 **140** 公克

EPA 與 DHA 可抑制發炎症狀，
牛磺酸可以讓皮膚保溼！

保養很重要

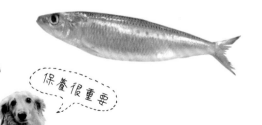

「血液之中的 ALT（GPT）太高，讓人很擔心牠的肝臟是不是出了問題。」「我家狗狗的心臟一直都不好。」「好像有皮膚過敏的問題。」等，狗狗需要透過飲食維持健康。讓我們根據預防醫學的概念，試著依照季節、體質與身體狀況，餵狗狗吃不同的東西吧。

* 胖胖的狗狗與瘦的狗狗需要的食物量不同，所以很難提供參考標準。請大家自行根據狗狗的身體狀況與體重的增減替換食材。

照顧腸胃

雞柳 ▶ 雞胸肉 **140** 公克

麩胺酸可修復黏膜。

適合胖狗狗的餐點

利用豆芽菜增加分量

卡路里很低，也不會吃不飽！

吃得少的狗狗

撒點起司粉當配料

利用起司粉的香氣促進食慾！

Plus!

老狗狗的餐點

豬柳 ▶ 沙丁魚 **140** 公克

EPA 與 DHA 可促進神經傳導速度，牛磺酸能強化心臟與肝臟的功能。

每天吃一樣的，狗狗也會膩?!

千篇一律

替狗狗的餐點加點配料吧！

在千篇一律的狗狗餐點（乾食也可以！）加點變化，就能輕鬆簡單地增加營養。狗狗若是覺得「好吃」，也會更願意吃囉。

柴魚片、柴魚粉

可促進新陣代謝與排毒。美妙的香氣與風味也是重點。

青海苔

能使腫瘤變軟，促進水分代謝。但鈉含量較高，所以要注意用量。

鵪鶉蛋（水煮）

富含維生素 B12 的鵪鶉蛋能預防貧血與促進神經傳導速度，還可補充能量與補血。

薑黃

能促進肝臟功能，抑制發炎症狀。要注意的是，不要讓狗狗過度攝取與長期攝取。

納豆

能調整血液循環，抑制血糖上升，是減重的好食材。

豆渣

富含膳食纖維的豆渣能解決便祕的問題，而且還擁有低卡路里、低醣質的優點，所以也是減重的好食材。

亞麻仁油

富含容易攝取不足的
Omega3 脂肪酸。能預防
身體氧化、解決便祕問題
與緩和過敏症狀！

味噌

能調整腸道環境，穩定免
疫系統與排毒。也富含優
質的胺基酸！

芝麻粉（白、黑）

能促進血液循環與通便，
還能預防氧化，所以能有
效延緩老化。

薏苡仁粉

將體內多餘的水分排出，所
以能夠消除水腫。適合在溼
度較高的季節裡餵食。

櫻花蝦

富含鈣質的櫻花蝦很適合
加入手工自製餐點，補充
容易攝取不足的鈣質。

Topping

CHECK!!

挑戰排毒湯

給予充足的水分，老舊廢物就會隨著尿液與便便排出，身體的循環也
會跟著改善，老舊廢物亦更不容易囤積。常吃乾食的狗狗無法從食材
中攝取足夠的水分，所以尿液通常比較濃。這道排毒湯很推薦餵給喝
水喝得較少的狗狗。建議大家一週餵一次排毒湯。

可以這樣餵

☑ 一週一次，餵給只吃乾食
　 的狗狗喝。

☑ 胖狗狗可三天餵一次，
　 作為替代的食物。

Recipe　一天份（2 餐）　5kg 適用

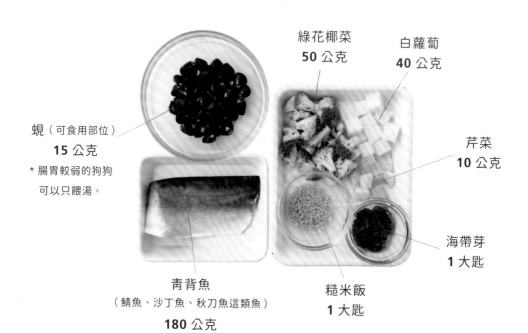

綠花椰菜
50 公克

白蘿蔔
40 公克

蜆（可食用部位）
15 公克
* 腸胃較弱的狗狗
　可以只餵湯。

芹菜
10 公克

海帶芽
1 大匙

青背魚
（鯖魚、沙丁魚、秋刀魚這類魚）
180 公克

糙米飯
1 大匙

How to

A 將 400 毫升的水與蜆（約 50 顆）倒
　入鍋中加熱，煮成蜆湯。

B 將青背魚放入食物調理機中，連骨頭
　打成泥。

C 將糙米飯與切碎的芹菜、20 公克的白
　蘿蔔倒入 A 的湯汁，煮到所有食材變
　軟為止。

D 糙米飯煮軟後，放入 B 的青背魚與拆
　成小朵的綠花椰菜。

E 待所有食材煮熟後，倒入切碎的蜆仔
　與海帶芽。

F 將剩下的白蘿蔔 20 公克磨成泥，再
　倒入食材裡。

43

利用營養補充品
補充手工自製餐點不足的營養

如果擔心狗狗「無法從食材中攝取足夠的營養」或是擔心「狗狗變老」以及「罹患慢性病」，可試著餵食營養補充品。粉末狀的營養補充品能作為配料使用，是非常方便的食材。與骨頭、肌肉有關的「鈣」、讓腸道變乾淨的「乳酸菌」、促進代謝的「啤酒酵母」、補充全身營養的「胺基酸」都是非常重要的營養補充品。下面是本書兩位獸醫師掛保證的營養補充品。

＼鈣／
與骨頭、肌肉成長有關的營養素
5 公斤的狗狗大概需要掏耳棒一匙的量

＼啤酒酵母／
促進肝臟功能、
代謝與消除疲勞

這是以北海道八雲地區的錦貝貝殼化石粉末為主食材的營養補充品。經過長年風化的錦貝貝殼化石含有許多碳酸鈣。
真空鈣粉（含有金箔）150公克 3600 日圓／波動法製造株式會社
☏ 0120-40-1705

以沖繩造礁珊瑚製作的礦物質粉末。含有鈣、鎂與其他 74 種礦物質（含量：0.58 公克／公克），是營養均衡的綜合礦物質食品。
礦物質能量 150 公克 3500日圓／ LIMA 網路商店
☏ 0120-328-515

除了含有人體所需的 9 種必需胺基酸外，還含維生素 B 群、礦物質、核酸、膳食纖維與其他營養素的粉狀營養補充品。
國產 啤酒酵母 貓狗專用100 公克 500 日圓／aoiand corporation Logos Pet site
☏ 042-321-1172

＼乳酸菌／

改善腸道環境，解決皮膚過敏問題與調整免疫系統！

這款產品含有 280 種有效好菌，就數量而言是日本最多。這種好菌能改善腸道環境，進而解決皮膚過敏與口臭問題，還能促進打造身體基礎的蛋白質的合成能力，消除體內有害物質的毒性，提升自我治癒能力。

ProBiO Ca+ 100 公克 7400
日圓／amana-grace
📞 03-6280-4101

每包含有全世界最棒的免疫機能輔助乳酸菌 2000 億個！是在人類專用商品工廠（GMP 認定）的工廠生產，所以是非常安心安全的乳酸菌食品。

H&JIN 乳酸菌 動物用 90 包
5700 日圓／H&J
📞 0829-37-1623

這是內含 16 種乳酸菌比菲德氏菌發酵代謝物的營養補充品，也是與東京農工大學共同研究的產品。能增加調節 T 細胞，有效抑制發炎與過敏症狀。狗狗、貓咪與罕見寵物都可服用。

SOPHIA FLORACARE30 包
4500 日圓／SOPHIA
📞 03-6276-1551

＼有效微生物發酵飲料／

能讓身體機能恢復平衡，
維持健康，強化免疫系統

這款以有機糙米為主要原料，強調 100% 純天然素製作的營養補充品，完全沒有任何添加物。主要是以 80 幾種有效微生物，讓具有超強抗氧化力的糙米、枇杷、菊花進行發酵、熟成與萃取。

BALANCE （原味）500 毫升 4500 日圓／
高橋剛商會
📞 0120-76-5812

＼BCAA（必須胺基酸）／

適合肝臟、腎臟虛弱、體力不足的
狗狗使用

胺基酸是內臟、皮膚、肌肉、毛髮、韌帶、軟骨、指甲、血液的原料，也是製造荷爾蒙、免疫物質，維持健康不可或缺的成分。這款產品內含大量的白胺酸，能輕鬆補充攝取不足的必須胺基酸。

aminofine 100 公克 4546 日圓／ monolith
📞 048-474-0813

用精心挑選的食材獎勵狗狗

點心也可以手工自製

A

B

C

A 以雞柳與菲力製作的肉乾

將切成片的雞柳與菲力、魚肉煮熟，再放入烤箱或電烤箱烤 10 分鐘。如果一次製作了很多肉乾，建議先放進保鮮袋，然後以鋁箔紙包起來，就能在放進冷凍庫保存的時候，不至於被冰箱的霜凍傷。

B 豆渣粉蒸麵包

將豆漿 150 毫升、豆渣粉 30 公克拌勻後，打入 2 顆雞蛋，攪拌均勻。接著均勻拌入 1 大匙橄欖油、1/2 小匙泡打粉，再倒入矽膠模型中，然後送進 600W 的微波爐內加熱 5 分鐘。牙籤刺進去，不會沾黏任何麵糊，就代表烤透了。

C 地瓜羊羹

將 100 公克地瓜泡入熱水煮熟再碾成地瓜泥。將 100 毫升的水、2 小匙的豆漿倒入 1.5 公克的寒天粉，再加熱直到寒天溶化。與地瓜泥攪拌均勻後，填入適當的容器，再放入冰箱等待凝固即可。

＊ 地瓜可以換成南瓜、紅豆泥、或是利用食物調理機打碎的肉。

D 高野豆腐餅乾

利用豆漿或是雞高湯（也可以是昆布水或蜆湯）泡發高野豆腐，再將高野豆腐瀝乾。切成 3 公分寬之後，送入烤箱或電烤箱烤 5 分鐘。

為心愛的狗狗，自己製作安全、安心的點心吧。利用精心挑選、沒有任何添加物的食材製作。

建議第一次吃手工自製點心的狗狗與飼主製作。

風險極高！
絕對要避開的食材

知道狗狗不能吃哪些食材也非常重要。有些狗狗特別不能吃某種食材，有些則是吃了也沒問題；但是有些狗狗就算只吃一點點也有可能會中毒，所以別餵那些有可能危害狗狗身體的食材十分重要。如果狗狗不小心吃到，記得讓牠們趕快吐出來。哪怕只誤吃一點點，也要立刻帶去動物醫院就診哦。

木糖醇
狗狗若是攝取木糖醇，血糖會突然降低，大概過了一個小時，就會出現拉肚子、嘔吐、無力、發抖這類症狀。

葡萄、葡萄乾
雖然不知道為什麼狗狗吃葡萄或葡萄乾會中毒，但就是絕對不能讓狗狗吃到。就算只吃到一點點，也會出現失去活力、嘔吐、拉肚子、腹痛、尿液減少、脫水這類狀。

含有巧克力、可可、可可脂的食品
「可可鹼」這種成分會讓狗狗嘔吐、拉肚子、頻尿、痙攣或是死亡，所以要特別注意。

酪梨
「persin」這種成分會造成狗狗拉肚子、嘔吐等其他消化系統的症狀。

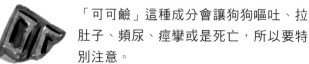

生的甲殼類（蝦子、螃蟹）、貝類、花枝、章魚

大量攝取生的甲殼類或貝類，噻胺分解酶（Vit B1 之分解酵素）會讓維生素 B1 分解，所以有可能會出現缺乏維生素 B1 的症狀。花枝、章魚也不容易消化，所以不適合餵狗狗吃。

酒精

應該不會有人故意餵狗狗喝酒，但通常都是因為不小心打翻，被狗狗不小心喝到。狗狗的身體無法分解乙醛，所以會引起嚴重的中毒症狀，有時還會因此死亡。

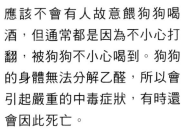

夏威夷豆（堅果類）

有可能會引起神經症狀。此外，大部分的堅果都富含脂質，所以會讓狗狗變胖或是胰臟發炎。不容易消化的堅果還有可能引起拉肚子、嘔吐、便祕這類症狀，所以盡可能不要餵狗狗吃堅果。

洋蔥、長蔥、韭菜、辣蕗蕎、大蒜

一直以來，這些都是「絕對不能餵的食材」。烯丙基丙基二硫醚這種成分會破壞紅血球，造成貧血症狀，所以不管是生的食材還是熟的，都不要餵狗狗吃。尤其是義大利麵醬或是中式料理都會使用洋蔥與大蒜，千萬不要讓狗狗吃到。

如果要餵腸胃比較差的狗狗吃大豆，記得先煮熟。

專 欄
善用蘿蔔泥

蘿蔔泥與熱熱的白飯拌在一起，就不會那麼辛辣，也能讓白飯降溫。
由於其根部有90%都是水分，所以能讓狗狗補充足夠的水分。此外，
鉀有利尿效果，能將體內的老舊廢物順利排出，所以也具排毒效果。
蘿蔔泥很容易氧化，記得在餵之前磨成泥就好。

富含異硫氰酸酯

異硫氰酸酯能讓血液變得透澈，所
以也能預防血栓。據說也是能抑制
癌細胞增生的成分。

富含酵素

蘿蔔泥含有促進消化的酵素澱粉
酶，很適合與肉類、魚類這些蛋白
質一起攝取。

富含膳食纖維

白蘿蔔富含膳食纖維，所以若覺得
狗狗有點便祕，可以餵狗狗吃蘿蔔
泥，幫助狗狗排便。唯一要注意的
是，不要為了照顧狗狗而餵食過多，
否則會導致狗狗拉肚子與嘔吐。體
重5公斤的狗狗大概餵30公克的白
蘿蔔即可。

回答大家都想知道
答案的問題

Part 2

狗狗的餐點 · 健康 Q&A

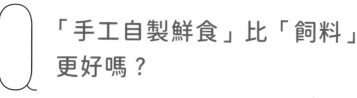

Q 「手工自製鮮食」比「飼料」更好嗎？

A 沒有孰優孰劣的問題，
只要飼主與狗狗覺得幸福就好！

「前言」也提過，沒有「手工自製鮮食比較好，乾飼料比較差」這種說法，只要狗狗吃得開心健康就好。

乾飼料的營養與卡路里都有經過計算，而且也方便保存，所以有些狗狗特別適合吃乾食。要留意的是，在選購時請務必看看採用了哪些原料與保證分析值。此外，狗糧中的油脂容易氧化，所以建議一次只買一個月吃得完的量就好。

如果打算餵食手工自製鮮食，就得給予適合狗狗食性的食物，同時也要兼顧營養均衡的問題；如果想讓狗狗攝取必要的卡路里，往往就會餵太多，而手工自製鮮食能讓狗狗攝取新鮮的營養素，也比較容易消化與吸收。如果不知道該餵乾食還是手工自製餐點，可將手工自製餐點當成配料，放在狗糧上面。建議大家每天幫狗狗變換菜色，或是早上餵狗狗愛吃的狗糧，晚上再餵手工自製餐點。

不管是飼主精心挑選的狗糧，還是花時間製作的手工自製鮮食，都含有大量的維生素 L（維生素 Love ♡）。最重要的是，千萬不要造成飼主的負擔，能讓狗狗吃得開心才是重點！

乾飼料的特徵

☑ 一天份的價格很便宜

☑ 準備很輕鬆

☑ 營養都經過計算

☑ 是綜合營養食品，所以只需要準備狗糧與水即可

☑ 不會腐敗也不容易發霉

OR

手工自製鮮食的特徵

☑ 可使用當令食材

☑ 需要花時間烹調

☑ 可從食材中攝取水分

☑ 不易保存，但能避免狗狗吃到防腐劑或是添加物

☑ 能讓狗狗感受到飼主手作的愛

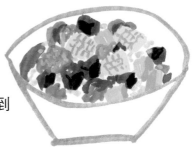

Q 狗狗不肯吃手工自製鮮食……

A 有可能不敢吃第一次看到的食材。

如果狗狗之前只吃市售乾飼料，有可能會不習慣手工自製的餐點，或是一口也不肯吃。也有可能之前吃得很開心，但是從某一天開始突然不吃了……。調味、含水量（喜歡湯湯水水的狗狗、喜歡口感黏稠的狗狗、喜歡口感乾燥的狗狗）、溫度等等，都會改變狗狗對手工自製餐點的態度。

尤其狗狗是透過「嗅覺」來喚醒食慾，所以可參考配料的說明（P.40～41），來替餐點增添香味。

餵食的時候，一定要讓餐點降到人體的溫度。

如果狗狗還是不肯吃，可將每樣食材放在小盤子裡，藉此找出狗狗愛吃的食物。

Stomach Ache

Q 一換成手工自製鮮食，狗狗就拉肚子！

A 有可能是吃太多，也有可能是腸道環境正在重新整頓！

拉肚子很有可能是因為吃太多。

此外，也有可能是餵了不適合的食材（有可能過敏），或是消化不良、攝取過多的油脂或是水分等引起。除此之外，也或許是腸道大掃除罷了。要注意的是，不要讓狗狗因為拉肚子而脫水。

建議大家多利用狗狗專用的經口補水液，替狗狗補充水分。此外，若是餵食了沒有煮熟的食材，有可能會導致寄生蟲找上狗狗，此時就需要帶去醫院治療。

倘若拉肚子的症狀不見改善，也要趕快帶去醫院接受治療喔。

Q 10 公斤的狗狗可以餵兩倍的量嗎？

A 可以餵食 5 公斤狗狗的 1.7 倍（參考 P.15），
但還是要依照狗狗的年齡與運動量隨時做調整！

本書介紹的卡路里終究只是參考值，因狗狗的運動量、年齡都不同，消化與吸收的能力也各有差異，故無法一概而論；何況我們人類的食慾會因為當天的心情而變化，狗狗的食慾當然也會與當天的心情或是身體狀況產生改變。因此，無法斷言這個體重就餵食這個分量沒錯。順帶一提，成犬需要的熱量如下，但還是要依照狗狗的生命週期調整餵食量與餵食內容！

依照一般成犬的體重進行分類

必須熱量／單日

體重（kg）	kcal
2 ～ 5	189 ～ 375
6 ～ 10	429 ～ 630
11 ～ 20	677 ～ 1059
21 ～ 30	1099 ～ 1435
31 ～ 40	1472 ～ 1781

* 這是已經結紮的情況。如果還未結紮，或是運動量較高的狗狗，可以餵狗狗比這個數值高一點的熱量。

一般來說，一次餵「跟狗狗頭部差不多大小的一碗量」就夠了，如果覺得狗狗吃不夠的話可以增加一點，如果覺得狗狗變胖可以減少一點。一開始先餵一週至一個月，跟狗狗頭部大小差不多的一碗量，再依照狗狗的狀況調整餵食量吧。

可以每天都使用
相同的食材嗎？

 建議參考當令食材表，每天更換食材。

基本食譜會用到 6 ～ 7 種食材，所以即使每天使用相同的食材，也能
讓狗狗攝取均衡的營養。不過，既然要手工自製餐點，當然鼓勵大家
使用當令食材。建議大家參考 P.116 的食材索引表，試著替換每天的
食材。大家可試著盡可能多用不同種類的食材，讓狗狗攝取均衡的營
養吧。

此外，最理想的情況就是參考運動選手的飲食內容。

多多使用當令的
食材吧。

動物性蛋白質：蔬菜：碳水化合物

1：1 ～ 2：0.5

Q 有沒有促進
狗狗消化的方法呢？

請幫我按摩

A 可以「替狗狗按摩」！

狗狗按摩能提升狗狗的自體治療能力。刺激全身的經絡，讓「氣」、「血」、「水」與全身的循環變得更順暢，提升免疫力與促進消化，尤其牠的四肢有很多個提升免疫力的穴道。建議大家把力道控制在狗狗覺得「舒服」的程度（大概就是輕輕按壓氣球的感覺）。此外，狗狗前腳的根部到背部容易累積疲勞，建議大家可輕輕地撫摸這個部位。值得注意的是，如果沒時間，就不要勉強替狗狗按摩，因為這樣狗狗也不會覺得舒服，建議大家在時間與心情都較為輕鬆的時候來進行。此外，如果狗狗的情況怪怪的、或傷口還沒痊癒，以及正在懷孕的話，就不要替狗狗按摩哦。

Massage 1

從頭頂往尾巴，順著脊椎的方向輕輕按幾下。脊椎兩側有很多穴道，適當地刺激這些穴道吧。

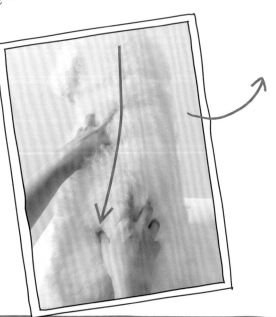

Massage 2

先按壓頭頂的百會，接著
輕輕地撫摸眉間到鼻尖這
個部位。

Massage 3

用單手輕輕地把耳朵
拉起來。

Massage 4

後腳腳底最大的肉球正中央
是「湧泉穴」，可從這個穴
位往腳尖的方向按壓。

Q 牙齒很重要！

牙齒很重要！

A 牙結石、牙周病都會危及狗狗的生命，所以要幫狗狗刷牙。

「最近狗狗的口臭變嚴重了」……這有可能是因牠罹患了牙周病。牙周病是危及肝臟、心臟與全身的疾病，也與牠的壽命有關。此外，如果是餵食手工自製餐點，狗狗與人類一樣，很容易出現牙結石的問題，所以最好在每餐之後替狗狗刷牙。不過，狗狗通常不愛刷牙，硬是幫牠們刷牙有可能會導致狗狗害怕，甚至是反過來咬主人，所以有些飼主也會因此放棄幫狗狗刷牙，對吧。

磨牙

幫狗狗刷牙的道具有很多，建議大家從中挑選適當的道具。要注意的是，若要使用橡膠狗牙刷，一定要用手拿著直到最後，不然很可能會被狗狗整支吞進嘴巴裡，沒辦法達成口腔保健的目的。請飼主拿在手上，讓狗狗慢慢咬。此時的重點在於讓狗狗用上顎深處的第四顆前臼齒咬，從嘴巴旁邊塞進牙刷，然後慢慢地越塞越深，讓狗狗左右兩邊的臼齒都得以均衡地刷到。此外，也可以將蔬菜（例如胡蘿蔔、白蘿蔔）切成條狀，當成牙刷餵狗狗吃。一般認為，含有酵素的白蘿蔔也很適合當成口腔保健的工具來使用。

此外，也很推薦大家利用布做的繩子或是毛巾替狗狗刷掉牙垢。而牛的阿基里斯腱也是纖維構成的牛腱，所以半生熟的牛腱亦很適合用來替狗狗刷牙，不過，又硬又乾的牛腱有可能害狗狗的牙齒斷掉，所以不太適合用來替狗狗刷牙。

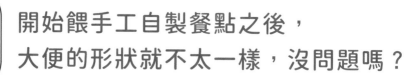

Q 開始餵手工自製餐點之後，大便的形狀就不太一樣，沒問題嗎？

A 每天的便便是「重要的訊息」！

狗狗不會說話，所以要透過便便來了解牠的健康狀況。判斷的標準如下：

- · 每次排便是否能順利排出兩條便便？
- · 便便是否紮實？
- · 是否是會在地面留下痕跡的硬度？

便便的顏色、形狀、氣味與排便量都會隨著食物而改變，如果肉吃得比較多，顏色就會比較黑，如果蔬菜吃得比較多，就會變成黃色或褐色。在形狀方面，雖然不能一顆顆像小黑球般堅硬，也不能軟得不成形狀。最理想的情況是跟香蕉差不多硬，輕輕觸碰也不會散掉，含有一定水分的便便。

排便量會隨著食物而改變，但只要排便量與進食量成正比就沒有任何問題了。如果進食量與進食內容沒改變，排便量卻增加或減少，代表狗狗的身體出了毛病。至於味道，吃較多肉的話，便便就會比較臭，但是，如果臭得太不尋常，甚至讓人覺得很嗆的話，最好帶去醫院檢查，可以的話，連便便一起帶去最為理想。

此外，若要讓狗狗的腸道保持健康，可以多餵含有寡醣的食材或是含有乳酸菌這類益生菌的食材。

了解便便的形狀

一粒粒的便便

一粒粒硬硬的便便。與兔子的便便很類似。

硬便

含水量很低的便便。

正常便便

像是表面光滑又柔軟的香腸或像是捲起來的蛇。

軟便

看得出形狀,但沒辦法捏住的硬度。

泥便

看不出形狀,形狀不固定的軟便。

水便

只有水分,幾乎沒有固體的液體便便。

該怎麼做才能預防狗狗脫水呢？

A 拉一拉皮膚，看看皮膚回彈的速度，
或是看看牙齦或舌頭的乾燥程度。

水分是讓營養素正常發揮效果的必需元素。身體有 60～70% 都是水，只要失去 10% 就會危及生命。夏季需要注意脫水的問題，到了冬季之後，也要避免因為暖氣而中暑。

人體是從汗腺排汗，藉此調整體溫；但是狗狗的汗腺很少，身體很容易燥熱，所以會透過呼吸調節體溫，以及會在尿尿的時候排熱，如果脫水的話，尿液就會減少，也就無法排熱。此外，秋季～冬季是空氣乾燥與寒冷的季節，狗狗喝水的次數會減少，身體的水分也會越來越少。如果狗狗會自己喝水，讓喉嚨不那麼乾燥，當然最好，但老狗狗或是小狗狗比較無法察覺自己的喉嚨是否乾燥，所以不一定會主動喝水。

此外，食慾不振也是「隱性脫水」的原因之一。水碗的位置、水碗的材質與水溫都會影響狗狗喝水的量；如果狗狗不會主動攝取水分，可替牠準備「湯湯水水」的食物，或是將點心換成蔬菜、水果，就能讓狗狗輕鬆攝取到水分。建議大家在秋季到冬季這段時間，利用加溼器讓房間的溼度維持在 40～60% 左右，可避免狗狗因為氣候過於乾燥而脫水。

如果發現狗狗有脫水症狀，可利用經口補水液來改善症狀，但還是建議趁早抱去給獸醫師檢查。

檢查有無脫水症狀的重點

輕輕地拉起狗狗脖子後方
的皮膚再放開，結果 3 秒
鐘才恢復原狀。

舌頭表面失去光澤，而且
從粉紅色變成奇怪的紅色
或紫色。
牙齦看起來乾乾的、黏黏
的，代表唾液分泌不足。

肉球乾乾的，沒有彈性也
是脫水的徵兆。請記得狗
狗充滿活力時，肉球的狀
態。

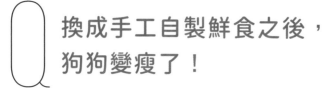 換成手工自製鮮食之後，
狗狗變瘦了！

A 很可能是因為卡路里攝取不足。

根據狗狗的年齡與運動量計算，會變瘦很可能是因為卡路里攝取不足。如果想增加牠卡路里的攝取量，可試著改餵下列這類食物。

- ☑ 雞肉從雞柳換成帶皮的雞胸肉

- ☑ 試著增加根莖類的食材

- ☑ 淋點鮭魚油或是亞麻仁油

- ☑ 淋點山羊奶

記得每週為狗狗量體重，
如果發現一直變瘦，就要
帶去醫院檢查。

Q 就算狗狗很老，
也可以換成手工自製鮮食嗎？

A 越是老狗，就越該餵手工自製鮮食。

若狗狗的食慾不振，可試著將食物切成方便進食的大小，或是撒點香氣四溢的配料，來刺激狗狗的食慾，所以越是老狗，越適合餵手工自製餐點。

如果狗狗已經老得咬不動，可將食物燉煮成容易咬爛的狀態，狗狗就能輕鬆地吃。讓我們根據狗狗的咀嚼力、吞嚥能力與消化能力選擇適當的食材吧。手工自製餐點的優點在於食材新鮮，還能根據狗狗的身體狀況選擇適當的食材與營養素。雖然自行製作餐點需要具備營養學的知識，但亦能自行調整卡路里，預防狗狗變胖。突然換成手工自製餐點，狗狗有可能會嚇一跳，所以不妨先將鮮食作為狗糧的配料，直到完全換成手工自製餐點為止。

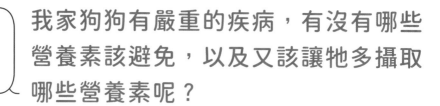

Q 我家狗狗有嚴重的疾病，有沒有哪些營養素該避免，以及又該讓牠多攝取哪些營養素呢？

A 可參考下列內容！

有重病的狗狗也能餵手工自製餐點嗎？建議大家讓狗狗接受定期檢查，再根據檢查結果準備適合狗狗的餐點。

肝病

- 該避免的飲食內容：高油脂
- 該積極攝取的飲食內容：低油脂（例如鱈魚這類白肉魚、雞柳）；抗發炎的食材（EPA、DHA：魚油〔鮭魚油、磷蝦油〕、青背魚〔例如鯖魚、沙丁魚、秋刀魚〕）；富含維生素 B2 的食材（例如納豆、雞蛋）；富含鋅的食材（例如帆立貝柱）；富含膳食纖維的根莖類食材、菇類或是抗氧化效果明顯的黃綠色蔬菜

腎病

- 該避免的飲食內容：高蛋白、高磷的食材（魚比肉含有更多磷，所以要少餵）、過多的鹽分
- 該積極攝取的飲食內容：抗發炎的食材（EPA、DHA：魚油〔鮭魚油、磷蝦油〕）、綠花椰菜、白花菜、黑豆材、菇類或是抗氧化效果明顯的黃綠色蔬菜

心臟方面的疾病 ·······························

- 該避免的飲食內容：過多的鹽分
- 該積極攝取的飲食內容：改善血液循環的食材（EPA、DHA：魚油〔如鮭魚油、磷蝦油〕、青背魚〔例如鯖魚、沙丁魚、秋刀魚〕）、調整血液循環（鹿尾菜、海帶芽）、補充鉀的葉菜類蔬菜（尤其是小白菜）、富含牛磺酸的雞心、帆立貝柱

泌尿系統的疾病（下泌尿道）·······················

- 該避免的飲食內容：水分不足的食材、草酸過多的食材（例如菠菜、地瓜、萵苣、小白菜）、鎂含量過高的食材（例如菠菜、大豆、鹿尾菜）、普林含量過多的食材（例如肝臟、乾燥香菇）
- 該積極攝取的飲食內容：抗發炎的食材（EPA、DHA：魚油〔如鮭魚油、磷蝦油〕），能保護黏膜、軟骨與具利尿效果的瓜類（例如小黃瓜、冬瓜或是西瓜）

皮膚病 ·······························

- 該避免的飲食內容：會誘發過敏的食材
- 該積極攝取的飲食內容：抗發炎的食材（EPA、DHA：魚油〔如鮭魚油、磷蝦油〕、青背魚〔例如鯖魚、沙丁魚、秋刀魚〕）、富含抗氧化成分的黃綠色蔬菜與富含鋅的帆立貝柱

Q 不知道自己有沒有能力「自行製作鮮食」？

A 不用想得太「特別」，一起享受同樣的餐點如何？

手工自製鮮食絕非特殊的餐點。使用的都是能在附近超市買到的食材。簡單來說，就是挑選「當令」的食材，也就是當下能採收的食材以及營養價值較高的食材。不管是人還是狗狗，都希望能吃到新鮮又營養的食材對吧？除了一些狗狗不能吃的食材之外，牠與我們吃的東西幾乎一樣。需特別注意的是，蛋白質要多一點，蔬菜要切細一點。我一直建議喜歡餵不同食物的飼主：「把自己家的毛小孩當成運動選手來養就對了」，也就是蛋白質多一點，碳水化合物少一點（話說回來，碳水化合物也是必要的營養，所以絕對不能沒有！）蔬菜的比例大概與蛋白質一樣，對狗狗就是最理想的比例。不過對狗狗來說，適合人類的調味，通常味道太重，所以在調味之前，先把餵狗狗吃的食材挑出來。兩者的外觀還是一樣的。我覺得這樣能加強與狗狗之間的感情。

Q 狗狗正在哺乳。該怎麼替牠
準備手工自製鮮食呢？

A 唯獨在這段時期可以準備高蛋白質、
高卡路里的餐點。

在懷孕第七週（後期）到哺乳期這段期間，母犬需要的卡路里是成犬
的 1.5 倍，所以勢必得多準備一些餐點。不過，狗狗懷孕時，胃部會
漸漸受到壓迫，所以最好分幾次餵食，讓牠能夠攝取足夠的營養。此
外，狗狗出生後，體重會在一週之內增加兩倍左右，此時幫助小狗狗
成長的就是「母乳」，所以母犬也得攝取自己與小狗狗需要的營養，
大概是攝取成犬 2～3 倍的卡路里。狗狗的母乳比牛奶含有更多的蛋
白質與脂質，所以讓我們為這時候的牠準備高蛋白、高卡路里的餐點
吧。要注意的是，如果一直餵食這種餐點，母犬有可能會變得太胖或
是誘發各種疾病，所以結束哺乳後，就必須要慢慢地恢復原本的飲食
內容，同時讓母犬攝取需要的營養。

預防生活習慣病與緩解壓力！

在手工自製餐點上淋一匙亞麻仁油

亞麻仁油是從亞麻科植物的種籽中萃取出的油脂，富含 Omega3 脂肪酸之一的「 - 亞麻酸」。人體的酵素會將 - 亞麻酸轉換成 EPA 與 DHA（青背魚富含的成分）。由於 EPA 與 DHA 能有效減少中性脂肪，增加好的膽固醇、抑制發炎與預防血栓，所以一般認為，能夠有效預防生活習慣病，也能調節自律神經、緩解壓力與促進腦神經活性。攝取不足則會出現皮膚炎、集中力不足、發育不良的問題。

一般來說，必需脂肪酸分成 Omega3（亞麻仁油）與 Omega6（麻油）這兩種。由於這兩種脂肪酸無法於體內合成，所以必須透過飲食攝取。最近有不少狗狗都有過敏或發炎這類情況，這代表狗狗攝取的 Omega6 與 Omega3 的脂肪酸不夠平衡。

Omega6 與 Omega3 的最佳比例為 4：1

市面上的狗糧都以飽和脂肪酸與 Omega6 脂肪酸為主，所以 Omega3（亞麻仁油）很容易攝取不足。

餵食方式

不飽和脂肪酸是很容易氧化的脂肪酸，所以絕對不能加熱。建議大家將不飽和脂肪酸的亞麻仁油淋在放涼的食物上面。5 公斤以下的狗狗大概淋 1/2 小匙，11 ～ 15 公斤的狗狗大概淋 1 小匙就夠了。

充満了寵愛♪

Part 3

爲了愛犬
自製餐點的體驗

CASE 1

狗狗太胖了，爲了讓牠更健康，
希望幫助牠瘦 3 公斤

對於臘腸犬，也就是達克斯獵犬來說，10.3 公斤
的體重實在遠遠超過平均體重（一般落在 5 公斤
左右）。
二月的時候動刀拿掉脂肪瘤，十月的時候動了牙
齒的手術。上個月接受檢查之後，GPT（肝脂數）
為 113，目前正在吃藥。

名字 米奇
犬種 臘腸犬
　　　達克斯獵犬
性別 公
體重 10.3 公斤
年齡 12 歲
BCS 5
*BCS 請參考 P.112 的說明

林醫師的建議

達克斯獵犬是腰部與四肢關節容易承受過多負擔的犬種，所以體重管
理要比其他犬種來得嚴格。由於已經是老狗，所以從年齡來看，應該
讓牠的體重降到 8 公斤左右。不過，過於嚴苛的體重管理會讓牠吃不
消，所以以一個月減少 2 ～ 3% 的體重（大概 200 ～ 300 公克）最為
理想。肝臟可能在 2019 年兩次手術的麻醉中受傷。建議將蛋白質來源
換成雞胸肉，因雞胸肉富含肝臟所需的必需胺基酸（BCAA），而且其
低卡路里與低脂是減重最適合的食材。如果狗狗吃不夠，可以利用豆
腐或是豆芽菜增加分量，讓狗狗吃得滿足。

我家隨時都有豆腐與豆芽菜，也都會利用這些食材增加分量，米奇似乎亦很喜歡這兩種食材，尤其豆腐會吸收從肉與蔬菜滲出來的精華，味道很豐富，所以米奇總是吃個精光。

晚餐只有雞胸肉與蔬菜。豆芽菜是第一次餵，但米奇好像很喜歡，我也鬆了一口氣。開始自製餐點之後，飼主也得好好學習相關的知識。

除了換成自製餐點之外，也讓米奇多點散步時間，早上與晚上都會帶牠去蹓躂。米奇不討厭散步，所以我都會讓牠在可行的範圍之內持續散步。

Advice 1

Advice 3

from 飼主 🐾

一個月之後，效果如何？

換成手工自製鮮食之後，一個月居然就瘦了 200 公克，看來豆腐與豆芽菜奏效了。也很感謝米奇願意吃這些餐點。照這樣下去的話，應該有機會再讓牠瘦 2.8 公斤！不過，老狗不能太過勉強，希望明年的這個時候，牠能夠瘦 3 公斤，接下來也要繼續努力。我希望米奇能夠活得長長久久，我也會多學習一些與「飲食」有關的知識，再餵牠吃正確的食物。

乾燥粗糙的皮膚發炎！
希望能在不藉助藥物的幫助之下，
讓牠不要那麼癢

阿奇是在 2018 年的夏天來到我家的，一開始右肘的毛就比較少，可以看到底下的皮膚很乾燥。目前是每隔一天餵一次藥，但一直沒辦法治好皮膚發炎的問題。

名字 阿奇
犬種 米克斯
性別 小男孩
體重 15 公斤
年齡 3 歲
BCS 3 ～ 4
*BCS 請參考 P.112 的說明

為了幫阿奇止癢，
而餵牠吃藥，使用
的是鮭魚作為基底
的狗糧。

林醫師的建議

狗糧的 Omega3 會隨著時間氧化，導致狗糧裡面的鮭魚之 EPA、DHA（抑制發炎的成分）無法發揮效果。建議在餐點上淋點亞麻仁油或是磷蝦油，以補充 EPA 與 DHA。乾食可分成小包，再放入密封容器保存，避免食物氧化。此外，可以加點富含膠原蛋白與彈性蛋白的雞翅膀或雞心當配料，讓狗狗的皮膚保持溼潤。白蘿蔔、蓮藕、白芝麻、山藥、鴻喜菇也都能由裡而外，為狗狗的身體補充適當水分唷。

每天餵一次鮭魚油，而且會依照早餐與晚餐的油脂調整分量！之後若是買到雞心，就會與蓮藕或山藥一起餵。

今天的晚餐是水煮的雞翅膀與白蘿蔔。之後先把狗狗那份留起來，再切碎。這時候狗狗就已經忍不住了，一直跑來偷看。

這是狗糧的保存狀態。從袋子倒出來之後，分成小分量，再一一放入塑膠容器保存。

Advice 1

Advice 3

from 飼主

一個月之後，效果如何？

嘗試了醫師建議的食材幾週之後，狗狗肘部就沒那麼癢了！便便也沒那麼臭，就算待在同一個房間，我也不知道牠什麼時候便便。「今天吃的是雞翅膀與白蘿蔔喲」，讓牠跟人類吃一樣的東西，會覺得牠更像是一家人！對狗狗與人類來說，手工自製餐點均能夠照顧到彼此身心的健康。我之後也想繼續替牠準備手工自製餐點！

因為是大型犬，所以想要知道該為牠
做哪些事情，讓牠能輕鬆地步入老年！

雖然現在沒有特別需要煩惱的問題，但畢竟牠的
體重也有 27.6 公斤，我想知道一些能讓牠輕鬆步
入老年的事情，也想知道牠的飲食與生活習慣有
哪些需要改善的地方！

名字 小夏
犬種 黃金獵犬
性別 母
體重 27.6 公斤
年齡 6 歲
BCS 4

*BCS 請參考 P.112 的說明

林醫師的建議

您應該希望小夏能保有肌肉量、減少脂肪，身材變得更緊實對吧？增
加肌肉除了能提升代謝效率之外，變老之後，體幹也可更加穩定。建
議多使用能夠增加肌肉的食材，例如可將狗糧換成碳水化合物、脂質
較少的食材，或是利用肉、魚來增加蛋白質的攝取量，尤其是豬肉含
有大量的維生素 B1 與肉鹼，能夠幫助狗狗快速燃燒脂肪。為了讓攝取
的營養流往身體的每個角落，建議可幫狗狗按摩，避免牠的肌肉變弱，
以及讓牠的關節更加靈活。

Advice 2

小夏本來就是不挑食的孩子，總是能瞬間就吃光光。如果只有乾飼料的話，有可能會堵住牠的鼻子，所以將一半的食材換成手工自製餐點。

這是某天的食物。裡面放了平常的高麗菜、白蘿蔔、胡蘿蔔，還依照醫師的建議，放了豬肉、綠花椰菜的梗、小松菜、香菇、鹿尾菜與茅屋起司，而且是做成湯湯水水的樣子。

我依照 P.58 的方法，輕輕地撫摸小夏，幫牠按摩。小夏好像很喜歡我幫牠輕輕地拉拉耳朵，每次我這樣子幫牠按摩，牠都會用鼻子發出低鳴聲。我希望能每天幫牠按摩。

Advice 1

Advice 3

from 飼主

一個月之後，效果如何？

小夏好像很喜歡按摩，每次都會以鼻子發出低鳴聲，而且身體會變得熱熱的，我想應該是全身的循環變好了。我手邊也有按摩專用的道具。我每次都是餵一半狗糧，一半手工自製糧食，但是林醫師告訴我：「豬肉比較適合」，所以這幾天都是餵豬肉，小夏也總能一下子就吃光光，所以今後的課題應該是想辦法讓牠吃慢一點。

長期皮膚發炎！
因為是老狗，很不想透過藥物進行治療！

我家狗狗長年患有皮膚炎，餵過藥，也讓牠洗過藥澡，但畢竟是老狗，我想改用一些不會造成身體負擔的方法幫牠止癢。我沒辦法準備太過用心設計的食物，所以除了上述的方法之外，如果能另外為牠準備一些簡單的自製餐點就好了。

名字 空

犬種 貴賓犬

性別 母

體重 4.0 公斤

年齡 11 歲

BCS 3

*BCS 請參考 P.112 的說明

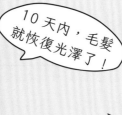

10 天內，毛髮就恢復光澤了！

林醫師的建議

由於是長期的皮膚炎，所以可能要花一段時間才能改善症狀。第一步便是要多餵抗氧化與抑制發炎的食材，讓牠的體內變乾淨。消除體內的活性氧也能預防老化，所以可利用彩椒或是小松菜來補充植化素；若要抑制發炎症狀，則可多餵富含 EPA、DHA 的青背魚或是營養補充品。很多人都覺得青背魚很難處理，但其實可使用水煮罐頭的青背魚。有些皮膚炎會滲水，因此可試著使用具有利尿效果（讓身體排出多餘水分的效果）的冬瓜。要記得定期讓牠洗藥浴或是打掃生活環境。老狗的身體循環比較慢，幫助牠身體保持暖和或是幫牠按摩也很重要。總之，在可行的範圍內，享受這些可為牠做的事情吧！

Advice 2

裡頭放了具有抗氧化效果的彩椒、補腎的綠花椰菜，和讓身體多些油脂的豬肉，也因為牠的手腳有些冷，因此我另外加了羊肉。不使用魚肉時，我都會加富含 EPA 與 DHA 的磷蝦油。

裡面放了富含 EPA、DHA 的水煮青背魚、具有利尿效果的冬瓜，及具有抗氧化效果的小松菜。水煮青背魚先過一次熱水，然後放一大匙的湯汁。

Advice 1

儘管一次吃的量不多，但牠都會慢慢吃，所以我會隨時替牠準備狗糧。只是，若兩盤擺在一起，牠總是先吃手工自製餐點！這讓我覺得很有成就感。

Advice 3

from 飼主

一個月之後，效果如何？

或許是因為皮膚發炎很癢，牠總是一直抓癢。換了食物之後，這種情況就減少很多，而且體味也變淡了。大概餵食十天左右吧，牠的毛髮變得更有光澤，這真是讓我太吃驚了！不知道是不是因為更換了食材，牠總是很期待吃飯，也會自己去吃飯。有時候，皮膚還是會特別癢，或是吃得比較少，所以我希望今後繼續為牠準備手工自製餐點。

2 ～ 3 天餵一次即可！

建議定期餵食的食材

雖然不一定要每天餵，不過針對老狗可試著另外餵食些內臟與枸杞。
能滋補身體，讓身體變得強壯的枸杞通常是以乾燥的型態銷售，所以
可先用熱水泡發再餵食。

枸杞

「參考值」5 公斤的狗狗：1 ～ 2 粒
具有滋補身體、消除疲勞效果的枸杞在
藥膳之中，被視為是「補腎」的食材；
一般認為，具有強化免疫力與自然治癒
力的效果。除了老狗可多吃外，也可從
牠們是小狗狗的時候就開始餵，讓牠們
擁有健康的身體。一開始先以兩天餵一
次的頻率加在餐點裡面。

肝臟、心臟這類內臟

「參考值」5 公斤的狗狗：10 公克左右
若搭配乾食，可以減至 5 公克
手工自製餐點的礦物質、維生素與鐵質
較容易不足。藥膳有所謂的「同物同治
（以形補形）」的概念，也就是哪個部
位不舒服，就吃那個部位的內臟。餵肝
臟可以讓狗狗的肝功能變好，餵心臟可
讓狗狗的心臟變好，要注意的是，不能
餵太多，一週餵 2 ～ 3 次即可。

替特別的活動
準備特別的餐點！

Part 4

各種紀念日的
「最佳」食譜

NEW YEAR

新年

鏡餅風犬麵包

POINT

在餵狗狗的時候,記得撕成方便
進食的大小。讓我們用鏡餅祈求
接下來的一整年都健康,以及慶
祝賀新年快樂吧!

新年

鏡餅風犬麵包

今年就用鏡餅風麵包來迎接新年如何？餵食的時候，要將
白色的餅與橘子的部分，撕成適合狗狗享用的大小喲。

難易度 ★★★☆☆　🕐 耗時 20 分鐘

米粉

白芝麻粉

〔 材料 〕

米粉	50 公克
寡醣	1 小匙
豆漿	40 毫升
橄欖油	1 小匙
白芝麻粉（不一定要有）	適量
南瓜	10 公克
優格	少許
沙拉油	少許

A

B

C

D

{ Point }

A 先將南瓜放進微波爐蒸軟，再碾成南瓜泥。

B 將米粉、寡醣、豆漿、橄欖油、白芝麻拌勻（拌成跟耳垂差不多的硬度）。

C 將 2/3 量的步驟 B 之食材捏成一大一小的圓餅，再將剩下的 1/3 量的食材與南瓜泥混合，捏成像橘子的黃色圓形。

D 在平底鍋鍋底抹上一層薄薄的沙拉油，再將步驟 C 中一大一小的圓餅放進去煎，約 5 ～ 8 分鐘。接著，將一大一小的圓餅以及橘子疊在一起時，可利用優格充當黏著劑，將三個部分黏在一起。

DOLL'S FESTIVAL

女兒節

男娃娃與女娃娃的飯糰

POINT

在飯糰上面放鵪鶉蛋,再依照個人口味用黑芝麻或是海苔畫五官,製作專屬自己的男娃娃與女娃娃吧!衣領的部分用蟹肉棒裝飾就大功告成了。

女兒節
男娃娃與女娃娃的飯糰

比一般握壽司更柔軟、更容易消化的馬鈴薯握壽司。
拌入的食材可以等到與人體溫度差不多時再捏，然後
餵給狗狗吃吧！

難易度 ★★★★☆　　耗時 20 分鐘

A

〔 材料 〕

雞蛋	1 顆
太白粉水	1 小匙
鵪鶉蛋（水煮）	2 顆
馬鈴薯	1 顆
綜合蔬菜	1 大匙
綜合絞肉	30 公克
蟹肉棒	適量
沙拉油	少許
黑芝麻	4 粒

〔 Point 〕

A　將雞蛋與太白粉水拌勻，煎成一片蛋皮。

B　馬鈴薯先煮熟再碾成馬鈴薯泥。

C　將綜合絞肉與切碎的綜合蔬菜倒入鍋中，以沙
　　拉油炒熟，再拌入步驟 B 的馬鈴薯泥，然後捏
　　成三角形的飯糰。將蛋皮切成兩半，包住步驟
　　C 的飯糰。

D　利用蟹肉棒作為裝飾，再於鵪鶉蛋上點綴黑芝
　　麻，替人偶加上眼睛就完成了。

鵪鶉蛋

B

C

D

THE STAR FESTIVAL

七夕

口味清爽的銀河果凍

POINT

每到夏天就食慾不振的狗狗或是咬不動食物的狗狗，都很適合餵食這種果凍。在無法充分攝取水分或營養時，也可以試著餵這種果凍。

七夕

口味清爽的銀河果凍

要活著就要補充最重要的水分。冰涼的果凍是最好的避暑妙藥！對於不知道自己喉嚨有多乾，亦不愛攝取水分的老狗來說，這款果凍可說是非常棒的一道食品。

寒天粉

難易度 ★★★★☆　　🕐 耗時 20 分鐘

A

〔 材料 〕

水	200 毫升
寒天粉	5 公克
優格（無糖）	2 大匙
寡醣	1 小匙
蘋果	1/8 顆
藍莓	3 顆
檸檬汁	少許

Point

A 在寒天粉內加入 200 毫升的水與寡醣，然後加熱溶化。

B 將藍莓壓扁，再將蘋果連皮磨成泥，趁未變色之前，淋點檸檬汁。優格先放在一旁備用。

C 將溶化的寒天分成三等分，分別注入布丁模具，再拌入藍莓、蘋果泥與優格。

D 待餘熱散去後，放入冰箱冷藏。凝固後，切成適當的形狀再盛盤即可。

THE HARVEST MOON

中秋節

蓮藕糕與蘿蔔糕

POINT

中秋節是吃圓形食物的節慶。由於糕類的食物恐有噎到的風險，所以要將蓮藕泥與蘿蔔泥捏成圓球再餵給狗狗吃。

中秋節

蓮藕糕與蘿蔔糕

中秋節是感謝秋收與賞月的節日。如果打算手工自製賞月丸子，要不要試著加點蔬菜呢？櫻花蝦與青海苔除了可以增加顏色外，還能賦予迷人的香氣，勾起狗狗的食慾。

難易度 ★★★☆☆　🕐 耗時 15 分鐘

〔 材料 〕

蓮藕	100 公克
白蘿蔔	100 公克
太白粉	2 小匙
櫻花蝦	適量
青海苔	適量
麻油	少許

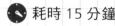

櫻花蝦

青海苔

櫻花蝦

青海苔

A

B

C

D

Point

A 將蓮藕與白蘿蔔分別磨成泥，再放在濾網瀝乾。

B 在步驟 A 的蓮藕與白蘿蔔各加入 1 小匙的太白粉後再攪拌均勻。

C 將櫻花蝦拌入蓮藕，將青海苔拌入白蘿蔔，再分別捏成丸子的形狀。

D 在平底鍋鍋底抹一層薄薄的油，將捏好的丸子放進去煎 5 分鐘就完成了。

HALLOWEEN

萬聖節

彩色餅乾

POINT

這次要做的是口感酥鬆美味的餅乾。烤過頭，口感會變得太硬；溫度不夠的話，吃起來又會粉粉的，所以利用烤箱加熱時，要特別注意溫度！

萬聖節
彩色餅乾

這次要做的是口感酥鬆輕盈的餅乾。除了很適合作為萬聖節的零食外，改個造型還能當作訓練用的零食使用。

難易度 ★★★☆☆　　⏱ 耗時 15 分鐘

〔 材料 〕

豆渣粉	50 公克
寡醣	1 小匙
橄欖油	1 小匙
豆漿	80 毫升
黑芝麻粉	適量
紫芋	10 公克
南瓜	10 公克

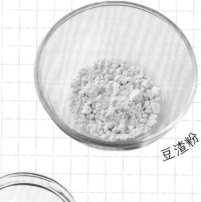

豆渣粉

黑芝麻粉

A 將豆渣粉、寡醣、橄欖油、豆漿全部拌在一起。

B 將步驟 A 的麵糰分成三等分，再分別拌入黑芝麻、過水煮熟碾成
  泥的紫芋與南瓜，加以做成黑色、紫色與黃色的麵糰。

C 利用模具切成喜歡的形狀，再放入已預熱至 200°C 的烤箱烤 5
  分鐘。

CHRISTMAS

聖誕節

法式吐司風的蛋糕

POINT

這是營養滿分的狗狗專屬聖誕節
蛋糕。利用少量的奶油賦予蛋糕
香氣，也喚醒狗狗的食慾。這道
蛋糕適合幼犬與老狗享用。

聖誕節
法式吐司風的蛋糕

這款法式吐司風的蛋糕除了可以作為狗狗的點心之外，加點蔬菜還能當成狗狗的正餐使用。吸飽豆漿與蛋液的高野豆腐能讓狗狗攝取充分的營養。咀嚼力變差的老狗也很適合吃這道點心。建議大家分成兩次或三次餵食。

難易度 ★★★★☆　🕐 耗時 15 分鐘

〔 材料 〕

高野豆腐（凍豆腐要解凍）…	1 塊
豆漿 …………………………	50 毫升
雞蛋 …………………………	1/2 顆
寡醣 …………………………	1 小匙
無水優格 ……………………	3 大匙
草莓 …………………………	2 顆
藍莓 …………………………	3 粒
沙拉油 ………………………	少許

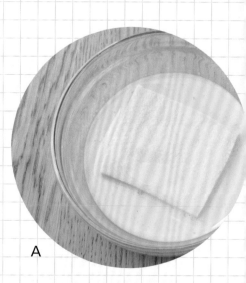

A

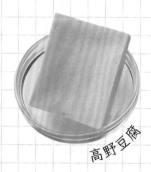

高野豆腐

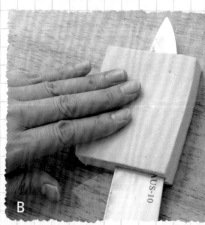

B

106

C

┌─ Point ─┐

A 將豆漿、雞蛋、寡醣拌勻後,把高野豆腐泡在
　裡面,直到泡軟為止。

B 將步驟 A 的高野豆腐切成一半的厚度。

C 在平底鍋鍋底抹上一層沙拉油,放入高野豆腐
　油煎。

D 將無水優格抹在煎熟的高野豆腐表面。

E 用高野豆腐夾住切半的草莓、藍莓,再於最上
　層加點草莓當裝飾即可。

D

E

BIRTHDAY

生日

壓壽司風的蛋糕

POINT

在壓壽司風的蛋糕周圍抹上一層無水優格，再將優格當成奶油擠在上面，這道蛋糕就變得更加豪華了！

生日

壓壽司風的蛋糕

要做出壓壽司風的蛋糕就要將食材放入模具內,然後壓緊,
不然就會整個散掉。胡蘿蔔、四季豆需要利用微波爐加熱。
建議大家在餵食時,將蛋糕切成適合狗狗進食的大小。

難易度 ★★★☆☆　🕐 耗時 20 分鐘

〔 材料 〕

綜合絞肉	10 公克
馬鈴薯	1/2 顆
胡蘿蔔	5 公克
四季豆	1 根
起司片	1 片
沙拉油	適量

胡蘿蔔

A

B

Point

A 在平底鍋鍋底抹上一層沙拉油，倒入綜合絞肉炒熟。

B 將煮熟的馬鈴薯碾成馬鈴薯泥，再分成三等分。

C 將胡蘿蔔、四季豆切成末，再分別以沙拉油炒熟。

D 依照馬鈴薯泥→胡蘿蔔→馬鈴薯泥→四季豆→馬鈴薯泥→綜合絞肉→馬鈴薯泥的順序填入模具並壓緊。最後鋪上起司片再拿掉模具，然後利用胡蘿蔔與四季豆作為裝飾。

C

D

check 1　了解狗狗的正常體型！

觀察與接觸狗狗的身體，再以五段式評分的方式評估狗狗體型之方法稱為 BCS（Body Condition Score，身體狀態評分）。重點在於肋骨與腰部。雖然不同的犬種與體格會有些微的差異，不過還是盡可能讓狗狗的體型維持在五段式評分的「3 分」吧。

體型檢查表

- ☑ 從旁邊檢查腰部的曲線。
- ☑ 從正上方查看腰部的曲線。
- ☑ 摸一摸肋骨，檢查肋骨的狀況
- ☑ 摸一摸腰部，檢查腰部的曲線。
- ☑ 檢查是否能摸到脊椎或是髖骨。

BCS 1
過瘦

可一眼看到肋骨、腰椎與骨盆。

BCS 2
有點瘦

可以輕易摸到肋骨。從正上方看的時候，可看到清楚的腰線。

BCS 3
理想體態

沒有多餘的脂肪，也能摸到肋骨。從側邊看，不會看到下垂的腹部。

BCS 4
有點胖

體內累積了較多的脂肪，但還是摸得到肋骨。從正上方看的時候，看不到清楚的腰線。

BCS 5
肥胖

肋骨被一層厚厚的脂肪覆蓋，所以摸不太到。幾乎沒有腰線，腹部也是下垂的。

出處：《飼主專用寵物食物指南～守護狗狗與貓咪的健康～》環境省

check
2

身體狀況檢查表

Check 1　耳朵

- ☑ 有沒有耳垢或是臭味？
- ☑ 耳朵是否冰冷？

Check 2　眼睛

- ☑ 眼睛是否容易流淚或是充血？
- ☑ 眼油的分泌量是否過多？

Check 3　鼻子

- ☑ 鼻子是不是整天都溼溼的？
- ☑ 鼻子有沒有分泌物？

Check 4　嘴巴

- ☑ 有沒有口臭？
- ☑ 有沒有很難刷掉的牙結石？
- ☑ 牙齦是否保持漂亮的粉紅色？

Check 5　皮膚與毛髮

- ☑ 毛髮是否保持亮麗？
- ☑ 有沒有皮屑、皮膚紅腫、嘴破、皮膚黏黏這類問題呢？
- ☑ 皮膚有沒有顆粒？
- ☑ 皮膚有沒有比平常更臭？體味有沒有更明顯？

要讓愛犬保持健康，「預防勝於治療」。在每天帶牠去散步之前（之後）或是刷牙的時候，幫牠檢查身體吧。如果覺得有些異常，也不要坐視不管，趕快帶去給獸醫師檢查吧。

Check 6　糞便與尿液

- ☑ 排便與排尿是否正常？
- ☑ 糞便的硬度是否跟香蕉差不多？
- ☑ 糞便是否散發腥臭味？
- ☑ 排尿的次數、分量、顏色（淡黃色）？臭味是否一如往常？
- ☑ 尿液裡面有沒有亮晶晶的成分？

了解當令食材的食材表

要讓狗狗維持健康，就得經常更換食材。當令的食材通常具有較高的營養價值，建議大家可多採用。除了可透過肉類與魚肉補充蛋白質外，還能透過食材補充維生素、礦物質、脂質與碳水化合物。若從整體來看，狗狗比人類更不容易消化碳水化合物，所以千萬不要餵太多碳水化合物喔。

肉類食材

豬肉　平性

蛋白質、脂質、維生素 B1、B3

可消除疲勞，調整身體狀況，也含有大量的維生素 B3，所以能改善血液循環。盡可能不要餵油脂的部分，也一定要煮熟再餵。

春　夏　秋　冬　土

牛肉　平性

蛋白質、脂質、花生四烯酸、維生素 B 群、鐵質、鋅

牛肉含有大量的鐵質，所以能預防貧血。花生四烯酸則能促進身體與大腦的活性。

春　夏　秋　冬　土

雞肉　溫性

蛋白質、脂質、維生素 A、B2、B3

能有效刺激食慾與恢復體力。雖然雞柳含有大量的蛋白質，但是卡路里並不高，唯獨磷的含量偏高，所以別讓狗狗過度攝取雞肉！

春　秋　冬　土

| 讓身體暖和 | 熱性 > 溫性 > 微溫性 > 平性 > 微涼性 > 涼性 > 微寒性 > 寒性 | 讓身體降溫 |

熱性 溫性 微溫性 讓身體暖和的性質。溫性的食材可讓身體平緩的升溫，熱性食材則比溫性食材更快讓身體升溫。 平性 中庸的性質。不會讓身體升溫或降溫，所以可長期餵食，不會有偏頗的問題。

微涼性 涼性 微寒性 寒性 會讓體溫下降的性質。涼性食材能讓身體緩緩降溫，寒性食材則可讓身體更快降溫。如果身體燥熱、正在發炎，或是遇到夏季，便很適合使用這類食材。

春 春天當令　夏 夏天當令　秋 秋天當令　冬 冬天當令　土 土用當令

馬肉　　　　寒性

蛋白質、鈣、鐵質

馬肉含有大量的鐵質，所以能夠預防貧血。要注意的是，馬肉會讓身體快速降溫，所以不能常常餵給老狗或是患有慢性病的狗狗。

春 夏

羊肉　　　　熱性

蛋白質、維生素 B1、B2、E、左旋肉鹼

具有讓身體升溫的效果。含量豐富的左旋肉鹼能促進脂肪燃燒。羊肉的卡路里不高，所以也是絕佳的減重食材。

冬

鹿肉　　　　溫性

蛋白質、維生素 B2、鐵質

能讓身體升溫、強化四肢與腰部的食材。由於鐵質含量很高，所以也能預防貧血。是低脂高蛋白的食材。

冬

魚類食材

竹筴魚 `溫性`

蛋白質、EPA、DHA、維生素 B 群、D

富含優質的蛋白質，以及 DHA 與 EPA。

夏 土

秋刀魚 `平性`

蛋白質、EPA、DHA、維生素 B12、D

富含 DHA、EPA、鐵質這類礦物質與維生素 B12。

秋 土

鱸魚 `平性`

蛋白質、維生素 A、D

鱸魚是高蛋白低脂的食材，維生素 D 的含量也非常豐富。能有效促進骨頭形成。

夏 土

香魚 `溫性`

蛋白質、鉀、鈣、磷

含有大量的磷、鈣、鎂以及其他礦物質。

夏 土

沙丁魚 `溫性`

蛋白質、EPA、DHA、牛磺酸、維生素 D、鈣

含有鈣質與維生素 D，所以能預防骨頭密度下降。

土

鰈魚 `平性`

蛋白質、膠原蛋白、維生素 B2、B3、D、牛磺酸

鰈魚含有大量的牛磺酸與蛋白質，而且脂肪的含量很低。骨頭形成。

冬

鰤魚 　溫性

蛋白質、EPA、DHA、維生素 B 群、D

含有抑制發炎症狀的 DHA、EPA 與維持皮膚健康的維生素 B3，能有效緩解皮膚病！

冬

鮪魚 　溫性

蛋白質、鐵質、EPA、DHA、牛磺酸

鮪魚除含有 DHA 與 EPA 之外，瘦肉的部分含有蛋白質，鮪魚肚則含有豐富的脂質。鐵質的含量也很高。

秋 冬

鰻魚 　平性

蛋白質、維生素 A、B1、B2、鈣、鋅

鰻魚含有大量的脂質、蛋白質、維生素、礦物質，而且卡路里也很高。

土

鯖魚 　溫性

蛋白質、維生素 B2、B6、D、EPA、DHA

鯖魚含有豐富的脂質，而且在所有青背魚之中，DHA 與 EPA 的含量也是數一數二。

秋

鯛魚 　平性

蛋白質、牛磺酸、維生素 B1

鯛魚是低脂高蛋白的食材，能有效消除疲勞與促進新陳代謝。

春 冬

鰹魚 　平性

蛋白質、EPA、DHA、維生素 B 群、鐵質、鋅、牛磺酸

含量豐富的牛磺酸能提升肝功能。油脂豐厚的是洄游的鰹魚。

春（初鰹）
秋（洄游的鰹魚）

鮭魚 　溫性

蛋白質、EPA、DHA、蝦紅素

富含抗氧化效果明顯的蝦紅素。

秋 冬

鱈魚 　平性

蛋白質、麩胱甘肽、維生素 B12、D

鱈魚是低脂高蛋白的食材，也含有消除腰痛，解決末梢神經問題的維生素 B12！

冬

地瓜 　平性

維生素 C、碳水化合物、膳食纖維、鉀

能提升腸胃功能與補充活力，還能改善便祕。

秋　土

小黃瓜 　寒性

β 胡蘿蔔素、維生素 C、鉀

能消除體內的熱，排出多餘的水分，有效紓解燥熱、喉嚨乾渴與水腫。

夏　土

菠菜 　涼性

鐵質、維生素 C、β 胡蘿蔔素

含有豐富的鐵質，與維生素 C 一起攝取，能提升吸收率。

冬

黑豆 　平性

蛋白質、花青素、鐵質

能幫助身體排出多餘的水分，替身體解毒，以及消除全身水腫。

冬

舞菇 　微溫性

維生素 B2、D、舞菇地復仙（Maitake D-Fraction）

能降低膽固醇、強化免疫系統與抑制血糖上升。

秋

綠花椰菜 　平性

β 胡蘿蔔素、維生素 C、E、K、Q 與葉酸

維生素 C 的含量是檸檬的 3.5 倍，也有降低罹癌風險的成分。

冬

* 豆類、根莖類蔬菜都要煮熟。地瓜、菠菜、綠花椰菜含有草酸，所以要汆燙之後再
  餵食。如果是有草酸結石問題的狗狗，茄子與萵苣要先煮熟再餵食。

萵苣 涼性

膳食纖維、維生素 C、鉀

能讓身體排出多餘的熱，
也有利尿的效果。幫助狗
狗分泌母乳以及補血。

春　夏

大頭菜 溫性

澱粉酶、維生素 C、鉀

澱粉酶這種酵素能有效緩
解胃部不適與火燒心症狀，
還具有整腸效果。

春　秋

南瓜 溫性

**碳水化合物、β 胡蘿蔔素、
維生素 C、鉀**

能讓胃變得更強壯，以及
增強體力；還有排毒效果！

夏　土

茄子 涼性

鉀、多酚

具有解毒效果與利尿效
果，所以能消除水腫。

夏

大豆 平性

蛋白質、異黃酮、鉀

利尿效果能消除水腫之
外，大豆還有提振食慾、
消除身體倦怠感的效果。

秋　冬

高麗菜 平性

維生素 C、K、U、澱粉酶

能強化胃與腎的功能。維
生素 U 有保護胃部黏膜的
效果。

春　冬

* 豆類、根莖類蔬菜都要煮熟。含有草酸的芋芛要另外汆燙再使用。

冬瓜　微寒性

維生素 C、鉀

能讓身體排出多餘的熱，鉀的利尿效果亦能消除水腫。

夏　土

芋芛　平性

半乳聚糖、黏液素、鉀、維生素 B1

能幫助消化之外，黏液成分能保護腸胃的黏膜。

秋

金針菇　涼性

維生素 B1、B2、β 葡聚醣

能補充元氣、潤肺，是乾燥季節不可或缺的食材，也有排痰的效果。

秋　冬　土

旱芹　涼性

膳食纖維、維生素 B1、B2、U、鉀

旱芹是抗氧化效果明顯的食材。具有利尿效果，所以能消除水腫。

春　冬

白腰豆　平性

蛋白質、鉀、鈣、鐵質、鋅

能讓積弱不振的消化系統恢復活力，還具有消除疲勞、緩解頭昏、提振食慾與預防下痢的效果。

秋

馬鈴薯　平性

碳水化合物、鉀、維生素 C、膳食纖維

維生素 C 的含量是蘋果的 5 倍！含有豐富的鉀，所以能消除水腫。

夏

栗子　　　　　溫性

維生素 B1、C、鉀、單寧

能補強虛弱的消化系統，停止拉肚子。也能有效預防貧血。

 秋

黃麻　　　　　涼性

β胡蘿蔔素、維生素 C、E、鈣

豐富的膳食纖維能替腸道來場大掃除，也能有效消除活性氧！

夏

紅豆　　　　　平性

蛋白質、多酚、鉀、鐵質

能讓身體排除多餘的水分，也有解毒的效果。能有效緩解水腫、疲勞與便祕！

夏

秋葵　　　　　平性

膳食纖維、β 胡蘿蔔素、鈣、鉀

能提升虛弱的消化器官功能，促進消化、提升食慾與改善排便。

夏

番茄　　　　　微寒性

檸檬酸、蘋果酸、茄紅素、β胡蘿蔔素

具有解毒、鎮熱效果，能讓血液變得清澈，促進肝臟功能！

夏

白菜　　　　　平性

維生素 C、鈣、鉀

富含消化酵素之外，也有利尿效果，所以能讓身體降溫。

 冬

綠豆　涼性

蛋白質、鉀、異黃酮

能排除體內多餘的水分與熱。可做成綠豆冬粉。

春

牛蒡　寒性

膳食纖維、鉀、鈣、鎂

富含膳食纖維，也能讓致癌物質與其他有毒物質排出體外！

秋　冬

毛豆　平性

蛋白質、甲硫胺酸、鉀、鐵質

能讓身體排出多餘的熱與水分。豐富的甲硫胺酸也能促進肝臟功能。

夏

胡蘿蔔　平性

β胡蘿蔔素、鉀

表皮含有大量的胡蘿蔔素，所以不用刨皮，直接餵食就好。

春　夏　冬

小白菜　平性

β胡蘿蔔素、維生素C、鉀

能讓身體排熱，調整血液循環。也含有大量的維生素。

秋　冬

山茼蒿　涼性

β胡蘿蔔素、鉀、鈣、鐵質

能調節自律神經，促進腸胃功能，改善便祕與胃部不適症狀。

春　冬

小松菜　平性

β胡蘿蔔素、維生素C、鈣、鐵質、鉀

含有大量的鈣質，能緩解狗狗的壓力與煩燥不安的情緒。

春　冬

白花椰菜　平性

維生素C、鉀、膳食纖維

能促進大腦功能之外，膳食纖維也能解決便祕問題！

冬

蓮藕　平性

維生素C、鉀、鈣、單寧

改善腸胃功能、刺激食慾與預防貧血。

秋　冬

* 豆類、根莖類蔬菜都要煮熟。

玉米筍　平性

碳水化合物、不飽和脂肪酸、維生素 B1、E、鐵質

能讓身體排出多餘的水分與熱，豐富的鐵質也能預防貧血！

夏

鴻喜菇　涼性

膳食纖維、維生素 B1、B2、D、鳥胺酸

鳥胺酸的含量是蜆的七倍！能有效促進肝功能，提升解毒效率。

秋

櫛瓜　寒性

鉀、維生素 B 群、K、β 胡蘿蔔素

能讓身體排出多餘的熱與水分，豐富的維生素 B 群也有助於消除疲勞。

夏

山藥　平性

碳水化合物、鉀、黏液素、澱粉酶

豐富的消化酵素能減輕腸胃負擔與消除疲勞。

秋

豆芽菜　寒性

鈣、鉀、維生素 C

能消除體內多餘的熱與水分，緩解夏季疲倦症狀與水腫。

春　夏　秋　冬　土

白蘿蔔　涼性

維生素 C、澱粉酶

豐富的消化酵素能減輕腸胃的負擔，也有化痰止咳的效果。

秋　冬

蘆筍　微涼性

天門冬胺酸、蘆丁、鉀

富含消除疲勞、促進新陳代謝的天門冬胺酸。

春

香菇　平性

膳食纖維、香菇嘌呤、維生素 B1、B2、D

膳食纖維能讓腸道排出老舊廢物，香菇嘌呤能改善血液循環。

春　秋

油菜花　溫性

β 胡蘿蔔素、葉酸、鉀、鈣、鐵質

豐富的葉酸與鐵質能預防貧血，β 胡蘿蔔素能有效預防傳染病。

春

透過飲食交流，
愛犬與飼主都會更加幸福！

這本書想傳遞的訊息其實很簡單。
就是透過「養生的食譜」與愛犬創造更多互動的機會。

對狗狗來說，吃東西變得很有趣，
從「養生」這個觀點來看，進食也與健康息息相關。
而且飲食都是交由飼主負責。

中國有句「醫食同源」的諺語。意思是平常多吃營養均衡又美味
的餐點，就能預防與治療疾病。
這個概念可同時套用在人類與狗狗身上。本書從藥膳的角度介紹
每天的餐點、各季節的養生之道，以及調理體質的方法。不過，
請大家不要把這些想得太困難，只需要從做得來的部分慢慢做就
好。
想得太複雜，只會讓人覺得疲憊與厭倦，也會造成愛犬壓力。就
這點來說，飼主的心情也顯得相當重要。

飼主也要開心地替狗狗準備養生餐點！
「今天要準備什麼餐點呢？」但願這句話能讓狗狗與飼主產生更
深入的交流。

獸醫師的長壽狗狗餐桌：
最安心的營養配方 X 最好做的健康鮮食，簡單、美味、常備菜也OK！

作者	林美彩、古山 範子	製版印刷	凱林彩印股份有限公司
譯者	許郁文	初版一刷	2024年6月

責任編輯　陳姿穎
內頁設計　江麗姿
封面設計　任宥騰
資深行銷　楊惠潔
行銷專員　辛政遠
通路經理　吳文龍
總編輯　姚蜀芸
副社長　黃錫鉉
總經理　吳濱伶
發行人　何飛鵬
出版　創意市集 Inno-Fair
　　　城邦文化事業股份有限公司
發行　英屬蓋曼群島商家庭傳媒股份有限公司
　　　城邦分公司
　　　115台北市南港區昆陽街16號8樓

城邦讀書花園　http://www.cite.com.tw
客戶服務信箱　service@readingclub.com.tw
客戶服務專線　02-25007718、02-25007719
24小時傳真　02-25001990、02-25001991
服務時間　週一至週五9:30-12:00，13:30-17:00
劃撥帳號　19863813　戶名：書虫股份有限公司
實體展售書店　115台北市南港區昆陽街16號5樓
※如有缺頁、破損，或需大量購書，都請與客服聯繫

香港發行所　城邦（香港）出版集團有限公司
　　　　　　香港九龍土瓜灣土瓜灣道86號
　　　　　　順聯工業大廈6樓A室
　　　　　　電話：(852) 25086231
　　　　　　傳真：(852) 25789337
　　　　　　E-mail：hkcite@biznetvigator.com

馬新發行所　城邦（馬新）出版集團Cite (M) Sdn Bhd
　　　　　　41, Jalan Radin Anum, Bandar Baru Sri Petaling,
　　　　　　57000 Kuala Lumpur, Malaysia.
　　　　　　電話：(603)90563833
　　　　　　傳真：(603)90576622
　　　　　　Email：services@cite.my

ISBN　　978-626-7336-88-5／定價　新台幣390元
EISBN　　9786267336878 (EPUB)／電子書定價　新台幣273元

※廠商合作、作者投稿、讀者意見回饋，請至：
創意市集粉專 https://www.facebook.com/innofair
創意市集信箱 ifbook@hmg.com.tw

JUISHIGA KOANSHITA NAGAIKIINUGOHAN
© MISAE HAYASHI
Originally published in Japan in 2019 by Sekaibunkasha Inc.,
TOKYO.
Traditional Chinese Characters translation rights arranged with
Sekaibunka Holdings
Inc., TOKYO through TOHAN CORPORATION, TOKYO and
KEIO CULTURAL
ENTERPRISE CO., LTD., NEW TAIPEI CITY.

國家圖書館出版品預行編目資料

獸醫師的長壽狗狗餐桌：最安心的營養配方×
最好做的健康鮮食，簡單、美味、常備菜也
OK！/林美彩, 古山範子著；許郁文譯. -- 初版. --
臺北市：創意市集出版：英屬蓋曼群島商家庭傳
媒股份有限公司城邦分公司發行, 2024.06
　　面；公分
ISBN 978-626-7336-88-5(平裝)
1.CST: 犬 2.CST: 寵物飼養 3.CST: 食譜

437.354　　　　　　　　　　　　　113003407